总主编　谢江辉　詹儒林

芒果主要病虫害诊断与防治图解

詹儒林　何衍彪　主编

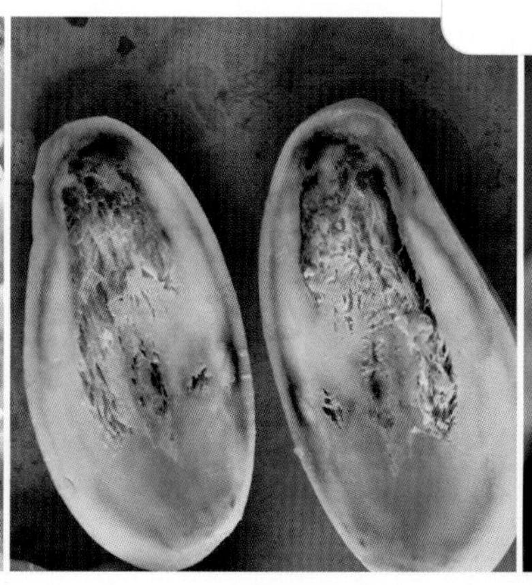

中国农业出版社

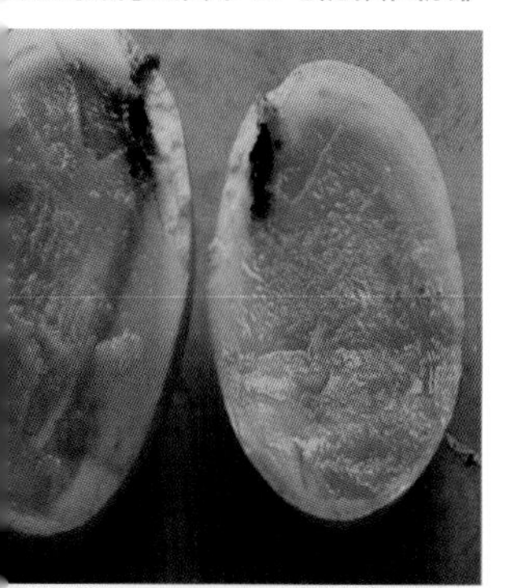

编写人员名单

主　　编　詹儒林　何衍彪

中国热带农业科学院南亚热带作物研究所

农业部热带果树生物学重点实验室

广东省省级现代农业（重要热带作物）产业技术研发中心

参编人员　李国平　柳　凤　常金梅

吴婧波　王松标　赵艳龙

姚全胜　武红霞　梁清志

中国热带农业科学院南亚热带作物研究所

农业部热带果树生物学重点实验室

广东省省级现代农业（重要热带作物）产业技术研发中心

本书由下列项目资助

国家重点研发计划子课题“芒果化肥农药减施增效技术集成”（编号：2017YFD0202107－6）

广东省科技计划“实蝇类害虫绿色防控技术研究与示范”（编号：2015A020209007）

广东省现代农业产业技术体系创新团队“优稀水果产业技术体系”（编号：2017LM1144）

前　言

芒果（*Mangifera indica* Linn）为漆树科芒果属植物，起源于东南亚，广泛分布于热带、亚热带国家和地区，是重要的热带、亚热带水果，享有“热带果王”之美誉。我国是芒果主要生产国之一，目前种植350万亩*左右（不包括台湾省），主要分布于海南、广东、广西、云南、四川、福建等热区省份。芒果产业是我国热区农业和农村经济的重要组成部分，在热区农业产业结构调整中发挥着积极的作用，为我国农业产业供给侧结构性改革和乡村振兴战略做出了重要贡献，在我国和世界生产与贸易上也均有重要的地位。随着生活水平的提高，人们对生态、食品安全的关注对传统农业提出了严峻的挑战；加入WTO后，特别是中国—东盟自由贸易区“早期收获”计划的实施，关税及传统的非关税壁垒已经打破，“绿色壁垒”已成为我国农产品在国际贸易中的最大障碍。解决好食品安全问题，提高果品品质和市场竞争力，开拓芒果出口市场指日可待。

我国芒果产区从地理位置和成熟期分为三大产区，分别为海南早熟区，广东、广西和云南中熟区，川滇金沙江干热河谷地区（包括云南省华坪县、永仁县，四川省攀枝花市、凉山彝族自治州）晚熟区。由于各地区的气候条件不同，导致芒果主要病虫害的种类及为害程度不尽相同。如在川滇金沙江干热河谷流域的晚熟芒果生产区域气候干热、昼夜温差大、芒果果园多为相对隔离的山地，使该地区芒果病虫害的为害相对较轻，病虫害的大面积快速暴发相对较难，而在气候湿热的海南、广东及广西大部分地区，病虫害的为害较为严重，病虫害相对较易于流行和灾变。因此，各地应在充分调查研究的基础上，因地制宜地制定病虫害防治方案及对策。

目前，我国发现的芒果病虫害种类有200种左右，其中，病害

* 亩为非法定计量单位，为方便生产中应用，本书暂保留。1亩≈667米^2。——编者注

50多种，虫害140多种，但给生产造成较大损失的只有20多种。就病害而言，炭疽病、细菌性角斑病、白粉病是常年发生的最为严重的病害，在高温高湿地区，炭疽病可导致30%～60%的产量损失，该病有潜伏侵染的特性，往往导致大量的采后果实腐烂而失去食用价值。在干热地区，如金沙江干热河谷地区，细菌性角斑病是芒果最主要病害，而炭疽病的为害却相对较轻。而近年该产区一种特有的病害——芒果畸形病（又称簇生病）的为害逐年上升，大有大面积流行之势，是值得高度关注的一种新病害。而不管在哪个产区，由于长期施用化学肥料及滥用植物生长调节剂等因素，导致了土壤环境不断恶化、树体衰退、抗性降低、营养失调等现象，果实发生黑心、海绵组织等生理性病害逐年严重，其果实外观无异常，而果肉却变黑腐烂，失去食用价值及商品价值，对各产区打造优质芒果品牌产生了严重的负面影响。

我们在多年的研究中积累了一些资料，现汇总成文，目的是使生产一线的技术人员或生产者能按图查阅主要的病虫害、识别种类及为害特性，并能正确、及时地进行防治，把损失降到最低。

全书分两部分，第一部分为芒果主要病害，包括侵染性病害和非侵染性病害；第二部分为芒果主要虫害。内容包括发生规律、为害特征或症状的原色照片及防治措施等。共收集病虫及为害症状照片百余幅。书后附录附有芒果不同物候期主要病虫害发生种类及防治策略、适合芒果A级绿色食品生产的药品种类，为芒果病虫害的提前防治、准确用药提供指导。本书的照片均摄自田间实物，力求突出病虫的典型特征和为害症状，在用药上注重生物农药；在防治措施上，突出农业防治和物理防治，力求做到现代农业和生态农业所要求的环境友好型的可持续防控。

由于受资料所限和编者的水平，错漏之处在所难免，敬请广大读者或同行批评指正，便于本书今后的修正与提高。

詹儒林

2018年7月

目　录

芒果主要病害

一、芒果炭疽病

芒果炭疽病是芒果生长期及果实采后的主要病害之一，在世界芒果种植区普遍发生。在芒果生长期，可造成高于10%的损失；在贮运期，病果率一般为30%～50%，严重的可达100%。

1. **症状** 本病主要为害芒果树的嫩叶、嫩枝、花序和果实。嫩叶染病后最初产生黑褐色、圆形、多角形或不规则形小斑。小斑扩大或者多个小斑融合可形成大的枯死斑，枯死斑常开裂、穿孔。重病叶常皱缩、扭曲、畸形，最后干枯脱落。嫩枝病斑黑褐色，绕枝条扩展一周时，则病部以上的枝条枯死，其上丛生小黑粒。花朵

芒果果实田间受害症状

或整个花序遭害，变黑凋萎。幼果极易感病，果上生小黑斑，覆盖全果后，皱缩凋落。幼果形成果核后受侵染，病斑为针头大小黑点，不扩展，直至果实成熟后迅速扩展，湿度大时产生粉红色孢子团。近成熟果实被害后，果实上生成黑色、形状不一的病斑，中央略下陷，果面有时龟裂。病部果肉变硬，终至全果腐烂。病斑密生时常愈合成大斑块。本病有明显的潜伏侵染现象，田间似无病的果实，常在后熟期和贮运期表现症状，造成烂果。

芒果叶片田间受害症状

芒果采后果实受害症状

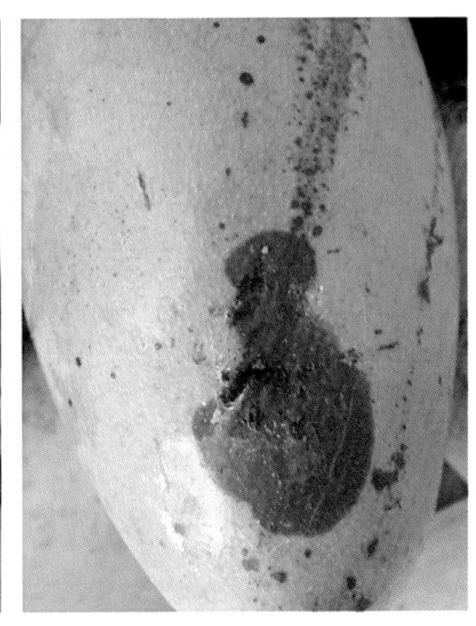

芒果采后果实受害症状

2. 病原及发病规律 芒果炭疽病主要由半知菌类炭疽菌属两个复合种（*Colletotrichum gloeosporioides* species complexes 和 *C. acutatum* species complexes）引起。两者的生物学特性与流行规律相似，而在田间的为害以前者为主。在两个复合种中，

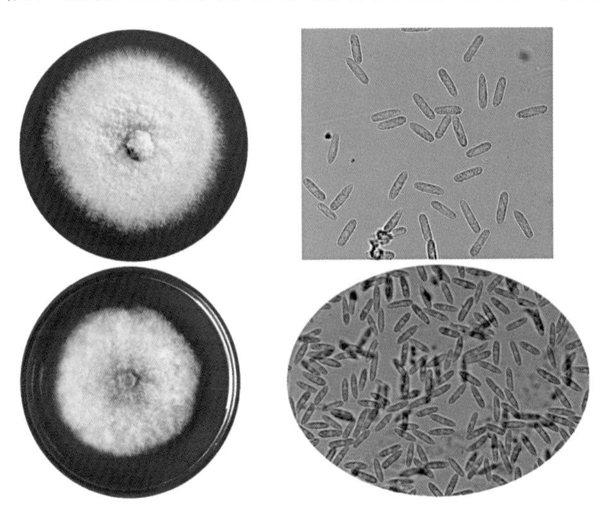

病原菌菌落生长特征及其分生孢子

上. 胶胞炭疽菌（*C. gloeosporioides*） 下. 尖胞炭疽菌（*C. acutatum*）

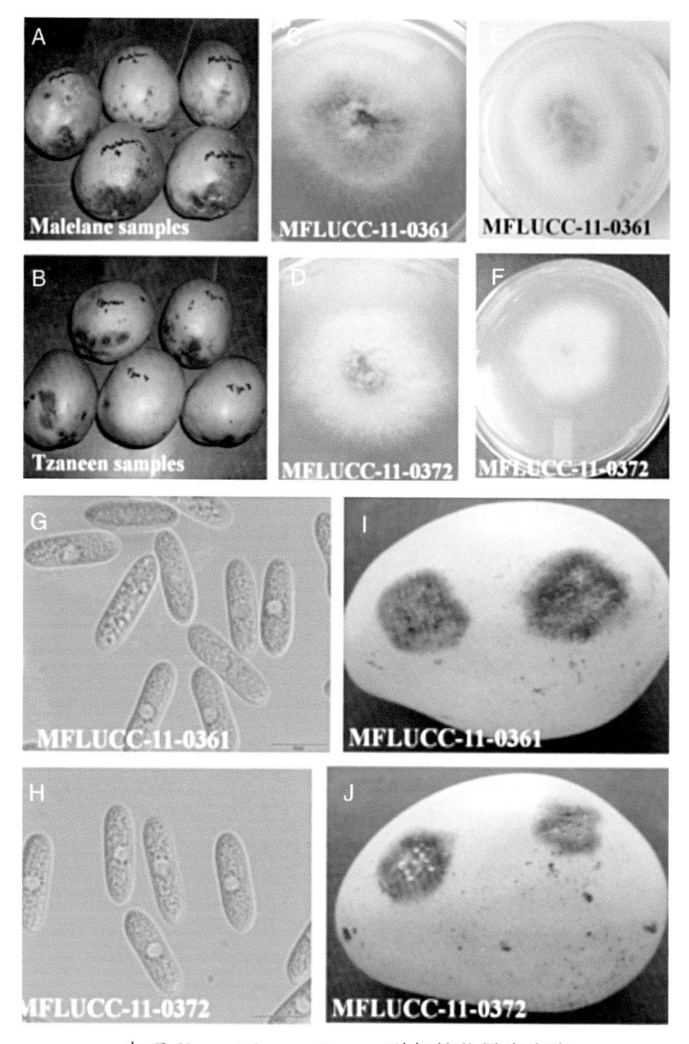

由 *Colletotrichum asianum* 引起的芒果炭疽病

A，B. 在果上的田间发病症状　C，D. DPA 培养基上培养 7 天后的正面菌落形态

E，F. DPA 培养基上培养 7 天后的背面菌落形态　G，H. 分生孢子

I，J. 接种 7 天后芒果发病症状

（引自 G. Sharma，M. Gryzenhout，et al，First Report of *Colletotrichum asianum* Causing Mango Anthracnose in South Africa. Plant Disease. 2015，(99) 5：725.）

C. gloeosporioides、*C. asianum*、*C. fructicola*、*C. tropicale*、*C. siamense*、*C. dianesei*、*C. endomangiferae*、*C. theobromicola* 和 *C. acutatum*、*C. simmondsii*、*C. fioriniae* 均可以起芒果病害，而

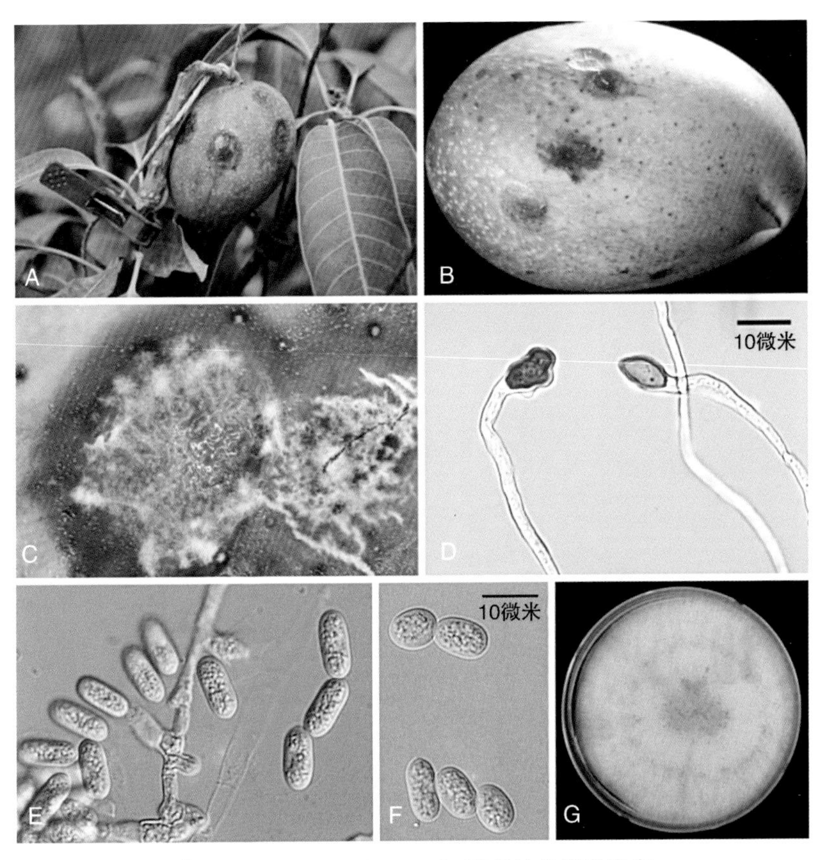

由 *Colletotrichum fructicola* 引起的芒果炭疽病

A. 在果上的田间发病症状　B. 发病果特写

C. 在病灶上形成的大量分生孢子盘，黄色的分生孢子盘上有大量的浅黄色分生孢子

D. 附着胞　E. 分生孢子　F. 培养一周后的分生孢子　G. DPA 培养基上培养的菌落形态

（引自 J. H. Joa，C. K. Lim，I. Y. Choi，et al，First Report of *Colletotrichum fructicola* Causing Anthracnose on Mango in Korea. Plant Disease. 2016，（100）8：1793）

国内炭疽病病原菌以 *C. gloeosporioides*、*C. acutatum*、*C. asianum*、*C. fructicola* 为主。

病菌主要在芒果植株上的病叶、病枝及落地的植株病残体上越冬。湿度高时病菌可产生大量分生孢子，通过风雨传播，从寄主的伤口、皮孔、气孔侵入，在嫩叶上可以穿过角质层直接侵入。该病菌再侵染能力强，病菌在寄主残体上可存活两年以上。已穿孔的冬季老叶病斑上，存活的病菌量最低，几乎分离不到病菌。

本病发生的条件是 20～30℃的低温和高湿。在我国华南和西南芒果产区，每年春季芒果嫩梢期、花期至幼果期，如遇连续阴雨或大雾等湿度高的天气，该病发生较为严重。湿度是左右我国芒果种植区炭疽病发生和流行的关键因子。据报道，温度 16℃以上，每周降雨 3 天以上，相对湿度高于 88%，病害可以在两周内大流行。芒果叶瘿蚊对叶片造成的伤口也容易诱发炭疽病的发生，且其为害状与炭疽病症状相似，应注意区分。

芒果品种间抗病性存在一定的差异，但目前为止尚未发现免疫品种。在我国栽培的大多数芒果品种均较感炭疽病，幼嫩组织易于感病，采后果实软熟后迅速发病腐烂。

3. 防治措施

（1）选用抗病优良品种 相对而言，紫花芒、金煌、热农 1 号（中国热带农业科学院南亚热带作物研究所选育）、Spooner、LN1 为高抗品种（系）；台农 1 号、粤西 1 号、台牙、贵妃、Mallika、桂香、马切苏、海顿、仿红、小菲、LN4、陵水大芒、红芒 6 号（Zill）等为中抗品种（系）；爱文芒、乳芒、海豹等为高感品种（系）；黄象牙为避病种，尚未发现免疫品种（系）。

（2）做好预测预报工作 病害流行主要决定于芒果感病期间的气候条件，与温度、湿度、雨日、雨量等因子相关，温暖高湿、连续降雨，则病害迅速发展造成流行。据此，选定紧密相关的温度和降雨为预测因子，建立了施药预测指标：在芒果抽花、结果和嫩叶期间，平均温度 14℃以上，气象预报未来有连续 3 天以上的降雨，即应在雨前喷药。

在高温高湿的芒果种植区，每逢嫩梢期、花期、幼果期应在发病前喷施保护性杀真菌剂，如波尔多液、百菌清等。

(3) 农业防治 做好果园清洁及树体管理。及时清除地面的病残体，果实采后至开花前，结合修枝整形，彻底剪除带病虫枝叶、僵果，并集中烧毁，以降低果园菌源数量；剪除多余枝条及适当整形，使果园通风透气。果园修剪应尽量做到速战速决，使树体物候尽量保持一致，以便于集中施药，节约管理成本。

(4) 药剂防治 重点做好梢期和花期及挂果期的病害防治工作。加强田间巡查，掌握好花蕾期、嫩芽期及花期、嫩梢期发病情况，及时进行药剂防治。在花蕾期、花期及嫩芽期、嫩梢期，干旱季节每10～15天喷药1次，潮湿天气每7～10天喷药1次，连喷2～3次，必要时可增加次数。可供选择的药剂有：25％咪鲜胺（施保克）乳油750～1 000倍液，70％甲基硫菌灵可湿性粉剂700～1 000倍液，1％石灰等量式波尔多液，25％阿米西达悬浮液600～1 000倍液等交替喷施，以防病菌产生抗药性。

(5) 及时进行果实采后处理 果实的采后处理视需要而定。在干热芒果种植区（金沙江干热河谷地区），经套袋的果实若表面光洁，无病虫斑，则果实采摘后可不经药剂处理直接进入冷库及冷链物流或直接销售。而在高温高湿芒果种植区，由于果实潜伏病菌较多，应在果实采摘后24小时内立即处理，首先剔除有病虫害及机械损伤的果实，用清水或漂白粉水清洗果实表皮，再用25％施保克乳油750～1 000倍液热水处理，即在52～55℃药液中浸泡10分钟左右，浸泡时间因果实品种和成熟度而异。果实晾干后在常温下贮藏，有条件的可置于13～15℃的冷库，延长贮藏期。果实采后也可用植物源植物保护剂进行处理，该方法更环保更安全。

二、芒果白粉病

芒果白粉病是芒果生产上的重要病害之一，在我国西南、华南芒果种植区普遍发生，每年因该病引起的产量损失占5％～20％。

1. 症状 芒果的花序、嫩叶、嫩梢和幼果均受感染，发病初期在寄主的幼嫩组织表面出现白粉状病斑，继续扩大或相互融合成大的斑块，表面布满白色粉状物（病菌的分生孢子为主）。受害嫩叶常扭曲畸形，病组织转成棕黑色，病部略隆起。花序受害后花朵停止开放，花梗不再伸长，以后变黑、枯萎。后期病部生黑色小点（闭囊壳）。严重时引起大量落叶、落花，幼果在黄豆粒大时掉落。

盛花期受害花枝田间症状

坐果期受害枝条田间症状

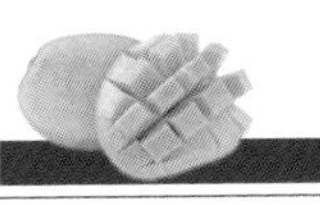

2. **病原及发病规律** 病原菌的无性时代为半知菌类粉孢属芒果粉孢菌 *Oidium mangiferae* Berthet；有性阶段为子囊菌门白粉菌属二孢白粉菌 *Erysiphe cichoracerum* DC.。

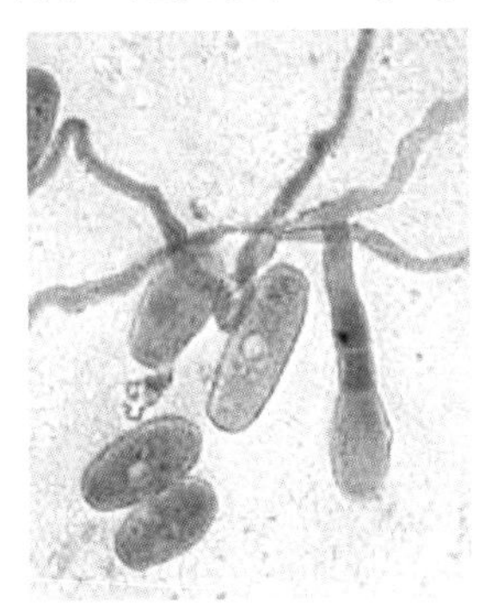
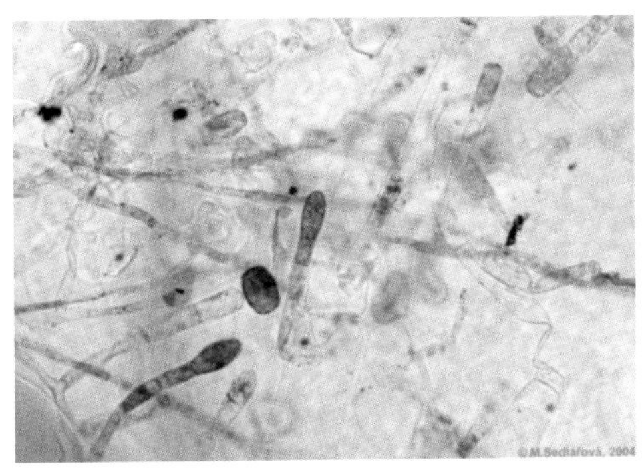

菌丝和分生孢子形态

病菌以菌丝体和分生孢子在寄主的叶片、枝条或脱落的叶、花、枝、果中越冬，其存活期可达 2～3 年。翌年，病组织上产生大量分生孢子随风扩散，侵染寄主的幼嫩组织。该病流行速度较快。气温在 20～25℃时适宜病害发生流行，湿度对病害的发生影响虽然不是很明显，但在花期如遇夜晚冷凉及多雨则发病加重。在潮湿和干旱地区都可以发生流行，高海拔地区由于温度较低，为害持续时间可较长。芒果抽叶开花期为本病的盛发期。芒果品种间抗病性有差异。

3. **防治措施**

（1）农业措施 增施有机肥和磷钾肥，避免过量施用化学氮肥，控制平衡施肥。剪除树冠上的病虫枝、干腐枝、旧花梗、浓密枝叶，使树冠通风透光并保持果园清洁。花量过多的果园适度人工截短花穗、疏除病穗。

（2）药剂防治 本病以化学防治为主。特效药剂为硫黄粉，在抽蕾期、开花期和稔实期，使用 320 目* 硫黄粉，用喷粉机进行喷施，每亩剂量 0.5～1 千克，每隔 15～20 天喷 1 次，在凌晨露水未

---

* 目为非法定计量单位。320 目粉粒直径约为 47 微米。——编者注

干前使用，高温天气不宜喷撒，否则易引起药害。或用50%多・硫胶悬剂200～400倍液、60%代森锰锌400～600倍液、70%甲基硫菌灵可湿性粉剂750～1 000倍液、12.5%烯唑醇可湿性粉剂2 000倍液、20%三唑酮乳油1 000～1 500倍液、75%达克宁可湿性粉剂600倍液喷雾。

三、芒果蒂腐病

芒果蒂腐病是芒果采后的主要病害，在世界主要芒果产区普遍发生，在我国华南地区，贮运期一般病果率为10%～40%，重者可达100%。

1. 症状 多数芒果蒂腐病从蒂部始见症状，少数从果蒂以外的部位发病。症状的表现因病原不同而异，主要有以下3种：

（1）小穴壳属蒂腐病 该病在贮运期可引起蒂腐、皮斑和端腐3种类型病斑，蒂腐尤为常见。蒂腐型：发病初期果蒂周围出现水渍状褐色斑，然后向果身扩展，病健部交界模糊，病果迅速腐烂、流汁。皮斑型：病菌从果皮自然孔口侵入，在果皮出现圆形、下凹的浅褐色病斑，有时病斑轮纹状，湿度高时病斑上可见墨绿色的菌丝层，病果后期可见许多小黑点（分生孢子器）。端腐型：在果实端部出现腐烂，其他症状与褐皮斑型相同。该病还可为害枝条引起流胶病，芒果嫁接接口和修枝切口受该菌感染后可引起回枯。

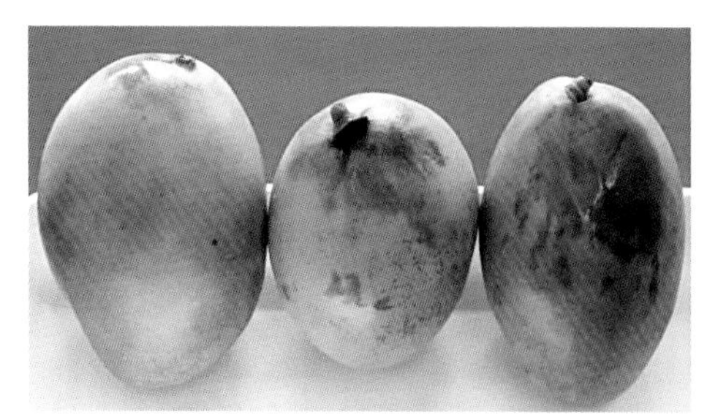
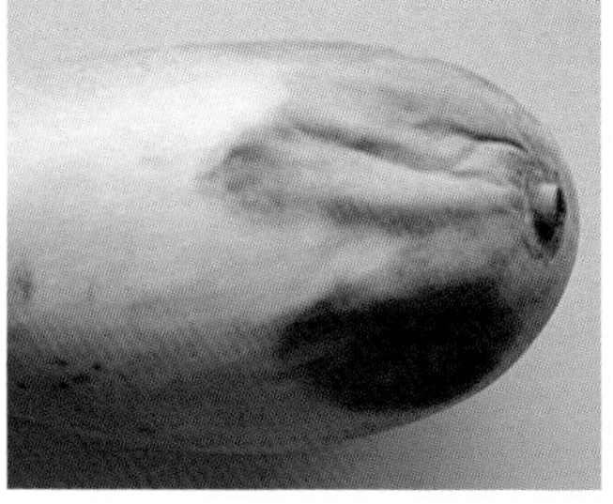

芒果小穴壳属蒂腐病症状

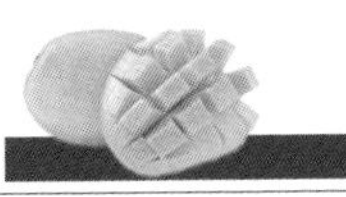

（2）芒果球二孢霉蒂腐病 病果初时果蒂褐色、病健交界明显，然后病害向果身迅速扩展，病部由暗褐色逐渐变为深褐色至紫黑色，果肉组织软化流汁，3～5天全果腐烂，后期病果出现黑色小点。该病还可为害枝条引起流胶病，侵染芒果嫁接苗接口和修枝切口可引起回枯。

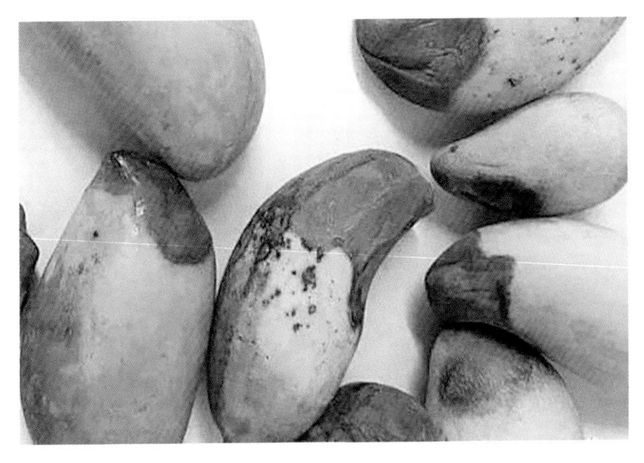

芒果球二孢霉蒂腐病

（3）拟茎点霉蒂腐病 初时在果柄、果蒂周围组织出现浅褐色病变，病健部交界明显，病斑沿果身缓慢扩展，病部渐变褐色，果皮无菌丝体层，果肉组织和近核纤维中有大量白色的菌丝体，果肉组织崩解，后期病果皮出现分散表生的小黑点（分生孢子器），孢子角白色或淡黄色。该病还侵染嫁接苗接口而引起接穗枯死，侵染植株主枝、枝梢引起流胶病，侵染叶片引起叶斑枯。

2. **病原及发病规律** 引起芒果蒂腐病的病原主要有3种，分别为芒果小穴壳蒂腐霉 *Dothiorella dominicana* Pet. et Cif.、可可球二孢霉 *Botryodiplodia theobromae* Pat 和芒果拟茎点霉 *Phomopsis mangiferae* Ahmad，所引起的蒂腐病也分别称为小穴壳属蒂腐病、芒果球二孢霉蒂腐病和拟茎点霉蒂腐病。芒果蒂腐病除为害果实外，还可侵染芒果嫁接苗接口和修剪切口而引起苗枯和回枯。

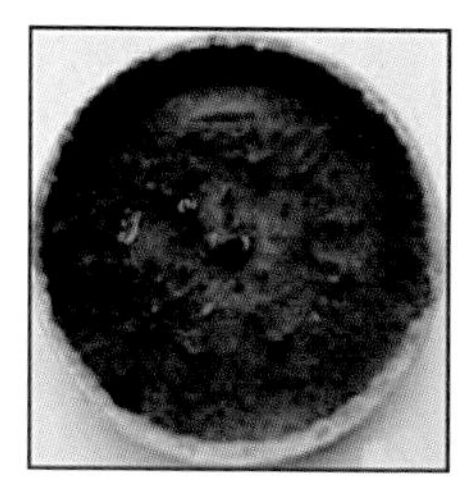 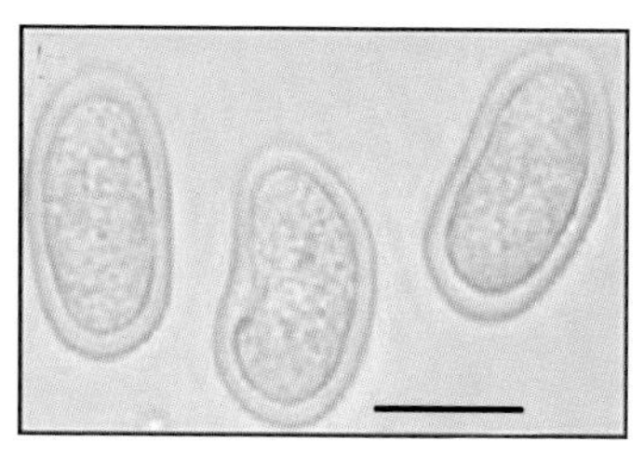 

可可球二孢菌落、无隔孢子及双胞孢子形态

初侵染源为果园病残体及回枯枝梢和病叶，在适合的温、湿条件下，病残体及回枯枝梢和病叶大量释放分生孢子，通过风雨传播，由伤口侵入寄主，引起发病。果实采摘时，果柄切口是病原菌的重要侵入途径。随着果实的成熟病菌活力渐强，并在贮运期表现蒂腐。高温高湿有利于病害的发生，最适合的发病温度为25～33℃。常受风害的果园，或受暴风雨侵袭后的果园，病害发生严重。

3. 防治措施　由于芒果蒂腐病是以田间侵染、采后发病的主要病害，因此在防治上必须采取果园防病与采后处理相结合的措施，方能取得较好的效果。

(1) 流胶枝枯的防治　剪除病枝、病叶，集中烧毁。用刀挖除病部，涂上10%波尔多液浆保护。

(2) 幼树回枯的防治　拔除死株，剪除病叶，集中烧毁，然后用1%波尔多液、75%百菌清800倍液喷雾保护，每隔10天喷1次，连喷2～3次。

(3) 蒂腐病防治　在果实采前喷1%波尔多液，或75%百菌清可湿性粉剂500～600倍液。采后处理措施：①剪果。收果时第一次预留果柄长约5厘米，到加工处理前进行第二次剪短，留果柄长约0.5厘米，果实不能直接放于地面，以免病菌污染。②洗果。用2%～3%漂白粉水溶液或流水洗去果面杂质。③选果。剔除病、虫、伤、劣果。④药剂处理。采用29℃的50%施保功可湿性粉剂1 000倍液处理2分钟，或用52℃的45%特克多胶悬剂500倍液处理6分钟。⑤分级包装。按级分别用白纸单果包装。

四、芒果疮痂病

1. **症状** 主要为害植株的嫩叶和幼果，引起幼嫩组织扭曲、畸形，严重时引起落叶和落果。在梢期嫩叶上从叶背开始发病，病斑为暗褐色突起小斑，圆形或近椭圆形，湿度较大时病斑上可见绒毛状菌丝体，病叶受影响组织生长不平衡，造成转绿后病叶扭曲、畸形，叶柄、中脉发病可发生纵裂，重病叶易脱落。感病幼果出现褐色或深褐色突起小斑，果实生长中期感病后，病部果皮木栓化，呈褐色坏死斑。此外，感病果皮由于生长不平衡，常出现粗皮或果实畸形，在湿度大时，病斑上可见小黑点，即病菌的分生孢子盘。

果实感染疮痂病后病害症状

叶片感染疮痂病后病害症状

2. **病原及发病规律** 芒果疮痂病病原菌学名为芒果痂圆孢 *Elsinoe mangiferae* Bitancourt et Jenkins，属子囊菌亚门，腔菌纲，多腔菌目。分生孢子盘褐色，有时呈分生孢子座形。分生孢子盘大小不一，产胞细胞瓶梗形。分生孢子圆柱形，有时微弯，无色到淡色，少数具油球，单胞或双胞。

病原菌以菌丝体在罹病组织内越冬。翌年春天在适宜的温、湿度下，在旧病斑上产生分生孢子，通过气流及雨水传播，侵染当年萌发的新梢嫩叶，经过一定潜育期后，新病部又可产生分生孢子，

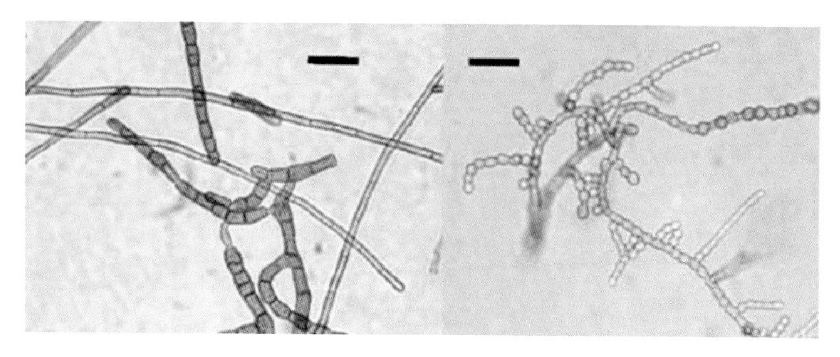

菌丝体及串生分生孢子

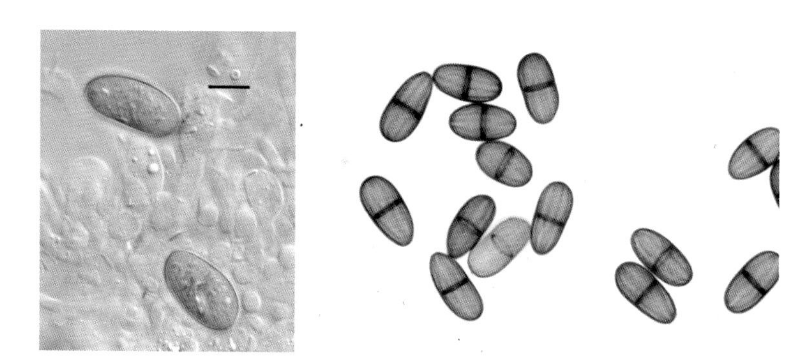

单胞分生孢子和双胞分生孢子

进行再侵染。果实在生长后期普遍受侵染。每年5～7月，苗圃地里的实生苗普遍受侵染发病。该病的发生程度与品种有较大关系，紫花芒、桂香芒和串芒发病较重。

3. 防治措施

（1）严格检疫 新种果园严禁从病区引进苗木。

（2）搞好清园工作 冬季结合栽培要求进行修剪，彻底清除病叶、病枝梢，清扫残枝、落叶、落果集中烧毁，并加强肥水管理。

（3）药剂防治 在嫩梢及花穗期开始喷药，7～10天喷1次，共喷2～3次；坐果后每隔3～4周喷1次。药剂可选用1∶1∶160波尔多液、25%施保克乳油750∶1 000倍液，或70%代森锰锌可湿性粉剂500倍液。

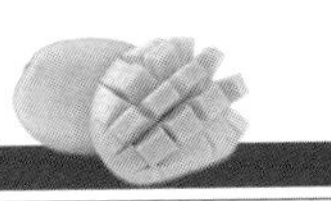

五、芒果细菌性角斑病

芒果细菌性角斑病广布于云南、广西、广东、海南和福建等省（自治区），流行年份常造成早期落叶，果面疤痕密布，降低产量和商业价值。贮运中接触传染导致烂果。

1. **症状** 主要为害芒果叶片、枝条、花芽、花和果实。在叶片上，最初产生水渍状小点，逐步扩大变成黑褐色，扩大病斑的边缘常受叶脉限制呈多角形，有时多个病斑融合成较大的病斑，病斑表面稍隆起，周围常有黄晕，叶片中脉和叶柄也可受害而纵

芒果果实感染角斑病后病害症状

裂。在枝条上，病斑呈黑褐色溃疡状，病斑扩大并绕嫩枝一圈时，可致使枝梢枯死。在果实上，初时呈水渍状小点，后扩大呈黑褐色，表面隆起，溃疡开裂。病部共同症状是：病斑黑褐色，表面隆起，病斑周围常有黄晕，湿度大时病组织常有胶黏汁液流出。另外，在高感品种上还可以使花芽、叶芽枯死。此病为害而形成的伤口还可成为炭疽病、蒂腐病菌的侵入口，诱发贮藏期果实大量腐烂。

芒果叶片感染角斑病后病害症状

2. 病原及发病规律 芒果细菌性角斑病病原细菌学名为薄壁菌门黄单胞菌属油菜黄单胞菌芒果致病变种 *Xanthomonas campestriz* pv. *mangiferaeindicae*（Patel，Moniz & Kulkarni）Robbs，Ribeiro & Kimura。

果园病叶、病枝条、病果、病残体、带病种苗及果园内或周围寄主杂草是芒果细菌性角斑病的初侵染源。病菌可通过气流、带病苗木、风、雨水等进行传播扩散。病菌从叶片和果实的伤口和水孔等自然孔口侵入而致病。病原菌发育的最适温度为20～25℃，高温、多雨有利于此病发生，沿海芒果种植区，台风暴雨后易造成病害短时间内流行。秋梢期的台风雨次数和病叶率，与翌年黑斑病发生的严重程度呈正相关，可以作为病害流行的预测指标。常风较大地区、向风地带的果园或低洼地发病较重，避风、地势较高的果园发病较轻。目前，主要芒果品种对细菌性黑斑病的抗病性有一定的

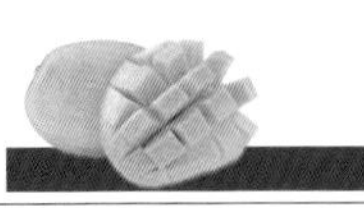

差异，但没有免疫品种。

3. 防治措施

（1）加强检疫 防止病原菌随带菌苗木、接穗和果实扩散。

（2）农业措施 加强水肥管理，增强植株抗性及整齐放梢。清除落地病叶、病枝、病果并集中烧毁或深埋；果实采收后果园修剪时，将病枝叶剪除；结合疏花、疏果清除病枝、病叶和病穗，并集中烧毁；剪除浓密枝叶，花量过多的果园应适度人工截短花穗使树冠通风透光。

（3）防风 营造防风林或芒果园建在林地之中，减少台风暴雨袭击，可减轻发病。

（4）化学防治 定期喷药保梢、保果是防治该病的重要措施，特别是果树修剪后，要尽快用30%氧氯化铜胶悬剂800倍液或1%等量式波尔多液喷1次，以封闭枝条上的伤口。枝梢叶片老熟之前同样用上述药剂，每半月喷1次。在发病高峰期前期或每次大风过后用1∶2∶100波尔多液，或72%农用链霉素4 000倍液、77%可得杀101可湿性粉剂600～800倍液进行喷雾。其他药剂如30%氧氯化铜+70%甲基硫菌灵（1∶1）800倍液、3%中生菌素1 000倍液、20%噻菌铜700倍液、2%春雷霉素500倍液等对该病均有较好的防治效果。

六、芒果畸形病

1. 症状 分为枝叶畸形和花序畸形。幼苗容易出现枝叶畸形，病株失去顶端优势，节间异常，长出大量新芽，并且膨大畸形，节间变短，叶片变细而脆，最后干枯，这与束顶病症状相似。成年树感染该病后可继续生长，病部畸形芽干枯后会在下一生长季重新萌发。通常畸形营养枝的出现，会导致花序畸形，其花轴变密，簇生，初生轴和次生轴变短、变粗，严重时分不清分枝层次，更不能使花呈聚伞状排列，畸形花序呈拳头状，几乎不坐果。畸形花序的直径和主轴直径显著大于正常花序，但都比正常花序的短，畸形花

枝叶畸形症状

枝叶畸形症状

花序畸形症状

序主轴直径和幅度增长快。畸形花序的两性花为7.7%，显著少于正常花序的29.9%，但雄花多于正常花序，畸形花序通常每朵花有2～4个子房，而正常花的两性花只有一个子房。畸形花序的花胚92.73%退化，正常花序花胚退化率为12.5%。

2. 病原及发病规律 芒果畸形病又称簇生病，由镰刀菌引起，其中 *Fusarium mangiferae* 为害范围最广。

温度是制约病害流行的一个重要因子，当日平均温度达25℃，最高温度33℃时，病害不发生。当温度低于20℃或20℃左右时，正值芒果花期，此时是发病的高峰期。另外，不同气候类型病害的严重度不同，不同的芒果品种对病害的抗性也不同。

3. 防治措施

（1）加强检疫 严禁从病区引进苗木和接穗。一旦发现疑似病例，应立即采取应对措施，全民动员统一行动，铲除并烧毁发病植株，防止病害扩散蔓延。

（2）修剪 剪除发病枝条，剪除的枝条至少含3次抽梢长度（0.4～1米），随即在剪口用咪鲜胺（施保克）（25%施保克乳油500倍液，在此特称“消毒液”，下同）浸泡过的湿棉花团盖住。剪刀在剪下一条病枝前要彻底消毒（另一把剪刀可事先浸泡在消毒液里）。田间操作时可把棉花与2～3把剪刀同时浸泡于消毒液中，消毒液用一小塑料桶盛装，剪刀轮换使用、轮换浸泡，以便提高工作效率。剪下的枝条要集中烧毁。

第一次剪除后，下一年度可能还会有部分抽出新梢发病，可按上述方法继续再剪。剪几次后发病率可逐年降低。

（3）药剂防治 在抽梢期与开花期（日均温13～20℃），结合修剪措施，每隔15～20天喷1次药，共喷2～3次，重点喷施嫩梢和花穗。该药剂为咪鲜胺和速扑杀（或吡虫啉）的混合液。使用浓度按说明书。

（4）提高防病意识 尽量做到统防统治，铲除无人管理和房前屋后的发病芒果树。清理果园，清除枯枝杂草。

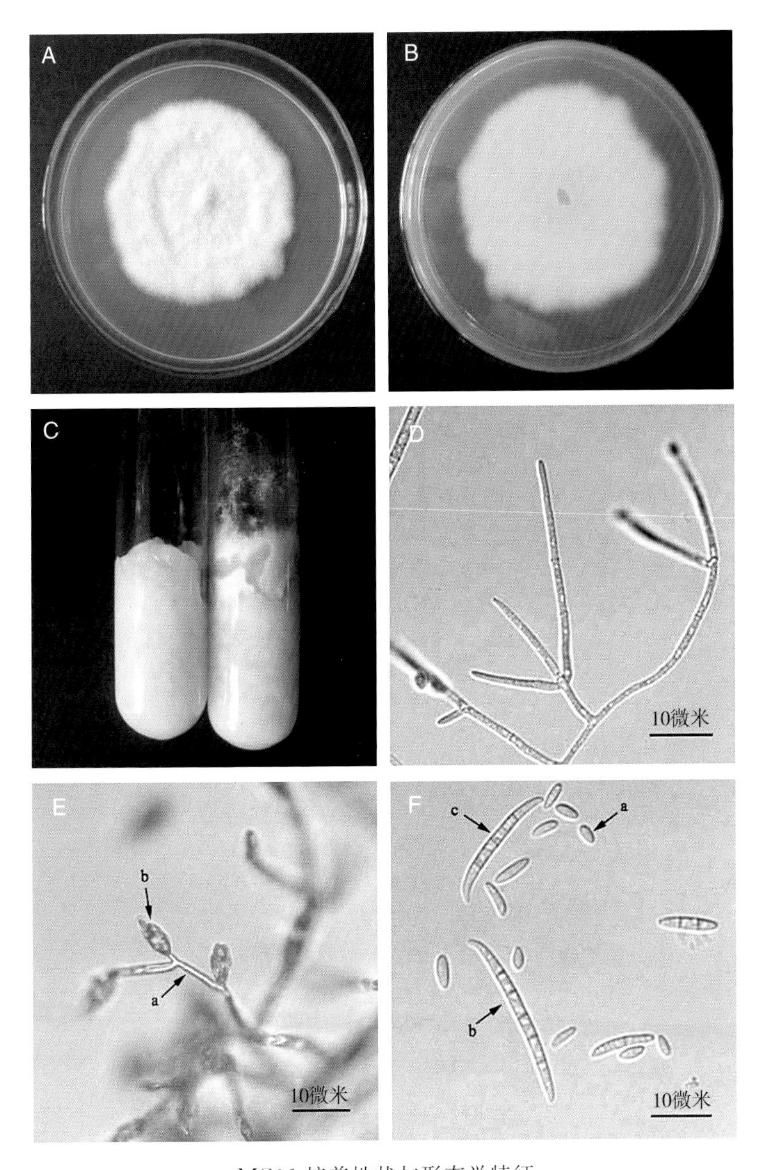

MG06 培养性状与形态学特征

A. PSA 正面　B. PSA 背面　C. 米饭培养基　D. 瓶状小梗

E. 复瓶梗（a），假头状产孢（b）　F. 小型分生孢子（a），大型分生孢子（b，c）

七、芒果丛枝病

1. 病原及发病规律 病原为植原体（phytoplasma），原称为类菌原体（mycoplasmalike organism，MLO），是一类尚不能人工培养的植物病原菌，为无细胞壁、仅由3层单位膜包围的原核生物，专性寄生于植物的韧皮部筛管系统。引起枝条丛生、花器变态、不坐果、叶片黄化，以及生长衰退和死亡等症状。该病原菌可能随种苗传入，并通过刺吸式昆虫为媒介传播。

芒果感染丛枝病病害症状

2. 防治措施

（1）加强检疫 把好病害检疫和苗木检验关，严禁从感病果园引进种苗。

（2）销毁感病植株 发现感病植株及时拔除并烧毁。

（3）提高免疫力 平衡施肥，增强树势，提高植株免疫力。

（4）统一修剪 控制整齐抽梢，并在抽梢期集中喷施杀虫剂吡虫啉、速扑杀等，以控制刺吸式昆虫如蓟马、蚜虫、叶蝉、介壳虫

等的为害，阻断传播病菌的媒介昆虫。

八、芒果速死病

1. **症状** 发病树枝形成层变黑，主干流出琥珀色的胶状物。感病主枝或枝条快速干枯、凋萎，直至死亡，似烧焦状，而整株树均不会落叶。发病初期，一株树中只有一个枝梢或一部分感病，其他的枝条及叶梢正常。但随着病害的进一步发展，整株树逐渐死亡。

二次分枝快速枯萎

树干形成层周围变色褐化

2. **病原及发病规律** 病原菌为长喙壳属（*Ceratocystis* spp.）真菌，属子囊菌类，种类主要有 *C. manginecans*、*C. fimbriata*。

本病的发生与易感的砧木和接穗有关，尤其植株处于逆境条件时发病较重，如肥水管理不善、失管等果园。病菌一般随感病枝条传播，修剪工具也易传播病菌；如果土壤受病菌的子囊孢子污染，病菌将长期潜伏于土壤中，并为病害的侵染循环提供初侵染源。另外，昆虫是此病害的重要传播途径，芒果茎干甲虫（*Hypocryphalus mangiferae*）是携带病菌的重要载体。甲虫蛀食树干形成层，造成孔洞，并把病菌带到寄主。目前，甲虫与病菌的相关作用尚不完全清楚，但实验表明，该病菌的菌体有引诱甲虫的作用，因

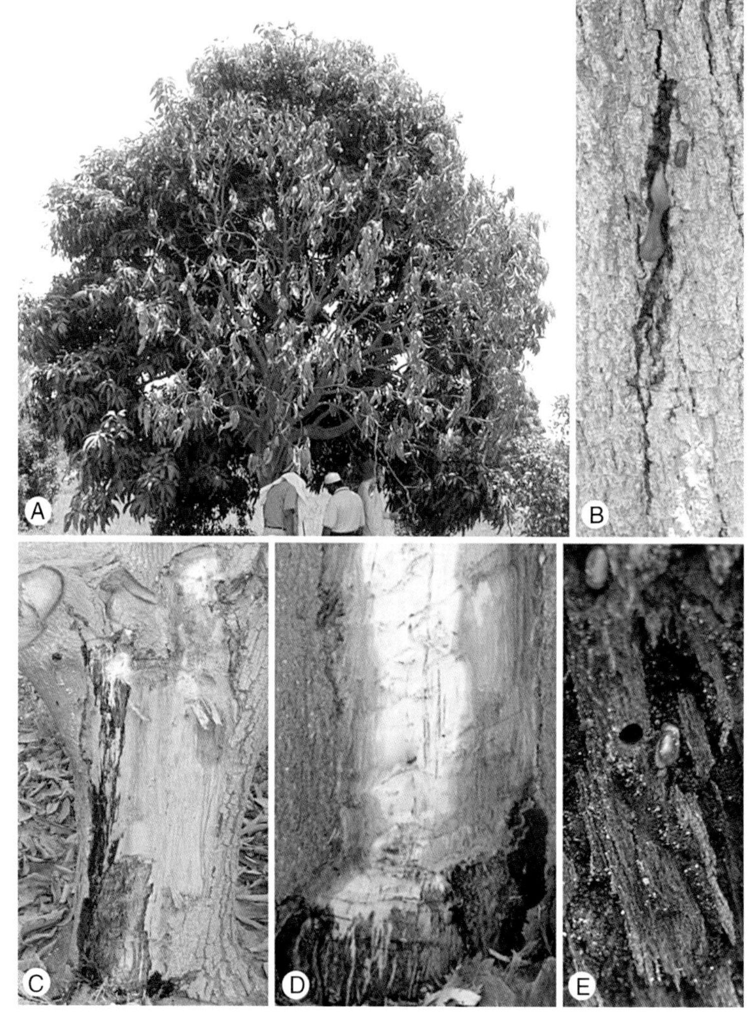

芒果速死病症状

A. 芒果树部分枝条快速枯萎　B. 茎干流胶　C，D. 树干形成层变色

E. 芒果甲虫（*H. mangiferae*）对树干的为害状和正在为害的成虫形态

（引自：Van Wyk M.，Al Adawi A. O.，Khan I. A.，et al，*Ceratocystis manginecans* sp. nov.，causal agent of a destructive mango wilt disease in Oman and Pakistan. Fungal Diversity. 2007，27：213－230.）

此，感病植株常伴随有甲虫蛀食木质部的次生为害，而且这种甲虫有取食病菌菌体的嗜性，并依赖病菌菌体的营养促使甲虫的发育。因此，携带病菌的甲虫成了传播病害的重要媒介。

3. **防治措施**

（1）使用健康无病种苗。

（2）及时挖除感病植株并烧毁，种植穴土壤用波尔多液或甲基硫菌灵或石灰消毒。剪除病枝时，除立即烧毁病枝外，剪口要用波尔多液消毒和涂封。

（3）在感病果园作业时，修剪工具和其他用具用次氯酸钠进行消毒。

（4）有条件的，对初发病植株可在茎干注射高效低毒内吸性杀菌剂，如施保克、甲基硫菌灵等。

（5）结合冬季修剪，对植株主干和主枝用石硫合剂和石灰进行涂白，避免受甲虫的为害，发现有害虫为害时及时用高效低毒杀虫剂进行喷杀，以防害虫对此病的进一步传播扩散。

九、芒果煤烟病

1. **症状** 本病在各芒果种植区均有发生，主要为害叶片和果实，发病后在叶片和果实上覆盖一层煤烟粉状物，影响植物光合作用。

芒果果实感染煤烟病病害症状

芒果叶片感染煤烟病病害症状

2. 病原及发病规律 芒果煤烟病病原菌学名为 *Capnodium mangiferae* P. Henn，称芒果煤炱，子囊菌亚门煤炱属。

初侵染源来自枝条、老叶。此病的发生与叶蝉、蚜虫、介壳虫和蛾蜡蝉等同翅目昆虫的为害有关。这些害虫在植株上取食，在叶片、枝条、果实、花穗上排出“蜜露”，病原菌以这些排泄物为养料而生长繁殖从而造成危害。叶蝉、蚜虫、介壳虫和蜡蝉等发生严重的果园，常诱发煤烟病的严重发生。树龄大、荫蔽、栽培管理差的果园该病发生较严重。

3. 防治措施 降低田间湿度；及时防治叶蝉、蚜虫、介壳虫等，并在杀虫剂中加入高锰酸钾 1 000 倍液；病害初发期用 0.3 波美度石硫合剂或 1∶2∶200 石灰倍量式波尔多液进行喷雾。

十、芒果藻斑病

1. 症状 本病主要发生于成叶或老叶上，叶片正背两面均可发生。初生白色至淡黄褐色针头大小的小圆点，逐渐向四周放射状扩展，形成圆形或不规则形稍隆起的毛毡状斑，边缘不整齐，表面有细纹，灰绿色或橙黄色，直径 1～10 毫米。后期表面较平滑，色泽也较深。

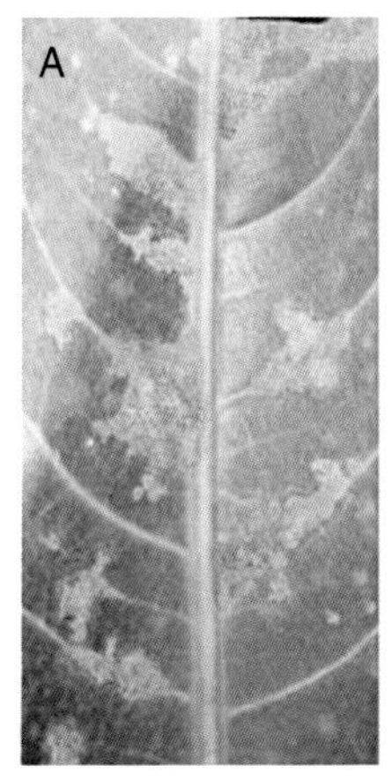

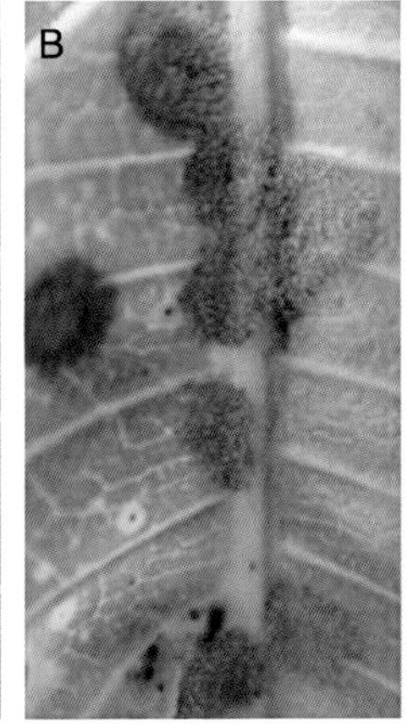

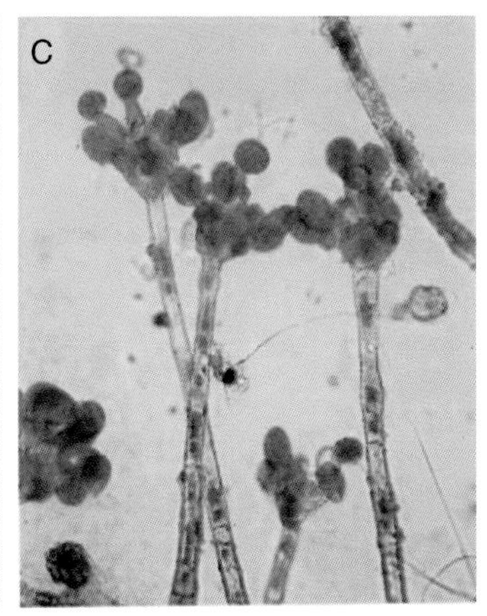

芒果叶片感染藻斑病病害症状

A，B. 叶片上的病害症状　C. *Cephaleuros virseus* 孢子梗和孢子囊

（图C引自李增平，郑服丛．热区植物常见病害诊断图谱．中国农业出版社．2009.）

2. 病原及发病规律　病原菌为藻类（*Cephaleuros virseus* Kunze）。

初侵染源来自芒果带病的老叶和枝条，果园周边寄主植物上的病叶、病枝等也可成为该病的初侵染源。在植株上，一般树冠发病由下层叶片向上发展，中下部枝梢受害严重。温暖高湿的气候条件，适宜于孢子囊的产生和传播，降雨频繁、雨量充沛的季节，藻斑病的扩展蔓延迅速。树冠和枝叶密集、过度荫蔽、通风透光不良，则果园发病严重。生长衰弱的果园也有利于该病的发生。雨季是该病的主要发生季节。

3. 防治措施

（1）加强果园管理　合理施肥灌水，增施磷钾肥，增强树势，提高树体抗病力。科学修剪，使树体通风透光。做好排水措施，保持果园适度的温、湿度。及时中耕除草，清理果园，将病残物集体烧毁，减少病源。

（2）化学防治　在发病初期，病斑是灰绿色尚未形成游动孢子之前喷施药剂防治。使用0.5%等量式波尔多液、氢氧化铜、瑞毒霉锰锌喷洒叶片和枝条。使用浓度按说明书。

十一、芒果流胶病

1. **症状** 枝条感病初期，组织变色，皮层出现坏死溃疡病斑，并流出白色至褐色的树胶。感病部位以上的枝条枯萎，病部以下抽出的小枝梢叶片褐色变黄，最后整个枝条枯萎。花梗受害发生纵裂缝。幼果受害，初期变褐色，随后果皮及果肉腐烂，并渗出黏稠的汁液，病果脱落。

2. **病原及发病规律** 芒果流胶病病原物为可可球二孢（*Botryodiplodia theobromae* Pat. =*Diplodia natalensis* Evans）。高温（30℃）、高湿和荫蔽的环境条件，有利于本病发生。所以在排水不良的苗圃地易发病。芒果梢枯流胶病主要为害枝梢、主干，引起流胶、溃疡，最后干枯。幼苗受害多从芽接点或伤口处出现黑褐色坏死斑，很快向上下发展，造成接穗坏死。主干或枝梢受侵染后，皮层坏死呈溃疡症状，病部流出初为白色后为褐色树胶，病部以上枝

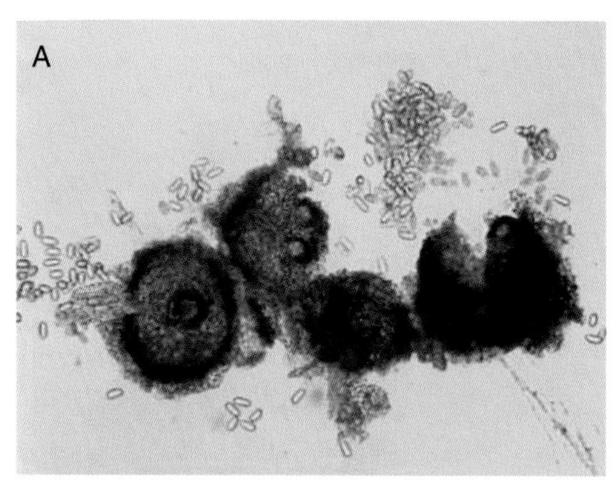

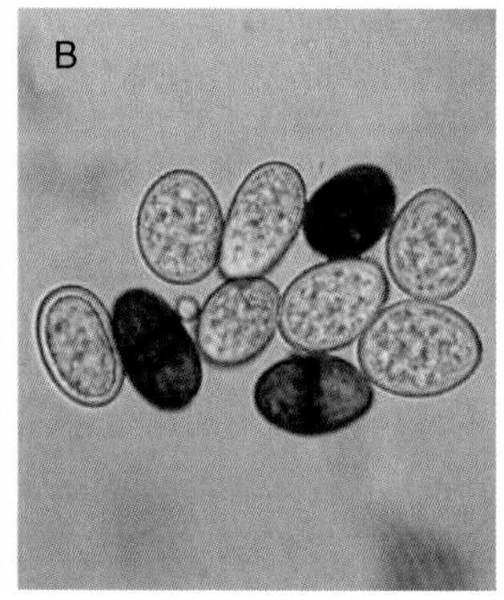

可可球二孢 *Botryodiplodia theobromae*

A. 分生孢子器 B. 分生孢子

（引自李增平，郑服丛．热区植物常见病害诊断图谱．中国农业出版社．2009.）

梢枯萎，病部表面出现黑色小颗粒，枯死枝条上的叶褐色，向上翻卷，易落，果实干缩，一般不脱落。病部以下有时会抽出新枝条，但长势差，叶片褪色。花梗受害产生纵向裂缝，病斑扩展到幼果可使幼果脱落。成熟果实受该病菌侵染后，在软熟期表现症状，初期在果蒂出现水渍状黑褐色病斑，后扩展成灰褐色大斑，并渗出黏稠汁液，果肉褐色软腐，此症状属果实蒂腐病的一种。

芒果感染流胶病病害症状

3. 防治措施

（1）防止损伤 栽培过程中要防止机械损伤，树干涂白以免受太阳暴晒。

（2）培育健康苗木 从健壮母树上取芽条，嫁接刀要用75%酒精消毒，芽接苗种植在空气流通的干燥处，特别要保持接口部位干燥，芽接成活解绑后要注意通风。

(3) 结合整形修剪，剪除病枝梢 病枝梢要从病部以下20～30厘米处剪除；主干上的病斑，要用快刀将病部割除，割至健康组织，然后将伤口涂上波尔多浆，或70%甲基硫菌灵可湿性粉剂200倍液喷雾。

(4) 化学防治 结合芒果炭疽病和细菌性角斑病的防治，花期可喷3%氧氯化铜悬浮液。幼果期（直径约1厘米）喷0.6%等量式波尔多液、70%甲基硫菌灵可湿性粉剂800～1 000倍液，或45%咪鲜胺1 200倍液喷雾。一般10～15天喷1次，共喷3次。

十二、芒果叶斑病

(一) 芒果球腔菌叶斑病

1. **症状** 叶片上产生近圆形至不规则形灰褐色较大病斑，边缘深褐色，略露小黑点，即病原菌假囊壳。

2. **病原** *Guignardia* sp. 为一种球座菌，属子囊菌门真菌。

3. **传播途径和发病条件** 病菌以分生孢子器或子囊座在病果或病叶上越冬，翌春产生分生孢子或子囊孢子借风雨传播，两种孢子在25℃条件下很快就能萌发和侵入，高温适其发生和流行。

4. **防治方法** ①做好冬季清园工作，剪除病落叶，集中烧毁，以减少菌源，并喷1次0.3～0.5波美度石硫合剂。②花序萌发后喷洒1∶1∶100倍式波尔多液或80%喷克可湿性粉剂600倍液、80%大生M-45可湿性粉剂800倍液。

(二) 芒果叶点霉叶斑病

1. **症状** 主要为害叶片。有两种症状：一种是叶片尚未老熟即染病，叶面产生浅褐色小圆斑，边缘暗褐色，后稍扩大或不再扩展，组织坏死，斑面上现针尖大的黑色小粒点，数个病斑相互融合，易破裂穿孔，造成叶枯或落叶。另一种症状叶斑生于叶缘和叶尖，灰白色，边缘具黑褐色线，叶背褐色，病部表皮下生小黑点，

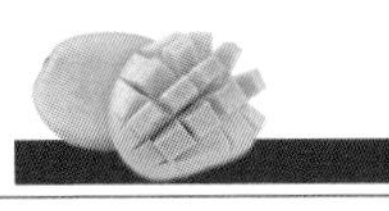

即病原菌分生孢子器，叶缘病斑10毫米×5毫米，叶尖病斑向后扩展可达63毫米×47毫米。分布在海南三亚。

2. 病原 *Phyllosticta mortoni* Fairman称摩尔叶点霉，属半知菌类真菌。

3. 传播途径和发病条件 病菌以分生孢子器在病组织内越冬，条件适宜时产生分生孢子，借风雨传播，从伤口或叶片气孔侵入，进行初侵染和再侵染。该病多发生在夏、秋两季。

4. 防治方法 ①加强芒果园管理，增强树势，提高抗病力。②改善果园生态环境，适时修剪，增加通风透光。③发病初期喷洒1∶1∶100倍式波尔多液，或50%硫菌灵可湿性粉剂600倍液、50%甲基硫菌灵可湿性粉剂800倍液、75%达科宁可湿性粉剂700倍液。

（三）芒果茎点霉叶斑病

1. 症状 叶片染病出现浅褐色圆形至近圆形病斑，边缘水渍状，病斑大小0.5～1厘米，后期病斑变为不规则形，边缘深褐色，病斑中央长出黑色小粒点，即病原菌的分生孢子器。分布在广东、海南等芒果产区。

2. 病原 *Phoma mangiferae*（Hingorani & Shiarma）P. K. Chi称芒果茎点霉，异名*Macrophoma mangiferae* Hingorani & Shiarma，属半知菌类真菌。

3. 传播途径和发病条件 该病多发生在苗圃或幼龄树上，发病期多在夏、秋梢生长期，新梢未转绿叶片易染病，红象牙品种易染病。

4. 防治方法 ①采收后及时修剪，清除病残体，挖沟深埋或烧毁，以减少菌源，并马上喷洒1∶1∶100倍式波尔多液消毒灭菌。②发病初期喷洒75%达科宁可湿性粉剂600倍液。

（四）芒果棒孢叶斑病

1. 症状 叶片染病初生很多形状不规则的褐色小斑点，大小

1～7 毫米，后变灰色，四周具褐色围线，多个病斑融合成大小不一的斑块，斑块四周现黄色宽晕，后期病斑上现黑色霉层，即病原菌分生孢子梗和分生孢子。

2. **病原** *Corynespora pruni*（Berk & Cart.）M. B. Ellis 称李棒孢，属半知菌类真菌。

3. **传播途径和发病条件** 病菌以菌丝体在枯死叶片或病残体上越冬，翌春随芒果生长侵入叶片，高温高湿易发病。

4. **防治方法** ①发现病叶及时剪除，防其传染。②发病初期喷洒 0.5∶1∶100 倍式波尔多液。

（五）芒果叶疫病

1. **症状** 芒果叶疫病又称交链孢霉叶枯病。主要为害树冠下部的老叶。本地芒果实生苗和芒果幼树叶片易发病，属常发次生病害。初生灰褐色至黑褐色圆形至不规则形病斑，后发展为叶尖枯或叶缘枯，严重时叶片大量枯死，影响植株生长，叶柄有时也生局部褐斑，易引起落叶，广东未见为害果实。个别年份发病重。

2. **病原** *Alternaria tenuissima*（Fr.）Wiltsh. 称细极链格孢，属半知菌类真菌。湿度大时病斑上现灰色霉状物，即病菌分生孢子梗和分生孢子。

3. **传播途径和发病条件** 病菌以菌丝体在树上老叶或病落叶上越冬，翌春雨后菌丝产生分生孢子借风雨传播，侵染芒果树冠下层叶片。夏季进入雨季或空气湿度大、缺肥易发病，栽培管理跟不上及老龄芒果园发病重。

4. **防治方法** ①选用海南、福建、广西的土芒作抗病砧木，培育抗病品种。②采收后及时清除病落叶，集中烧毁；加强芒果园肥水管理，提倡施用酵素菌沤制的堆肥或保得生物肥或腐熟有机肥，使芒果树生长健壮，增强抗病力。③发病初期喷洒 0.5∶1∶100 倍式波尔多液，或 50%扑海因可湿性粉剂 1 000 倍液、40%百菌清悬浮剂或 50%百·硫悬浮剂 500 倍液、70%代森锰锌可湿性粉剂 500 倍液、80%喷克可湿性粉剂 600 倍液，隔 10～20 天喷

1次，连续防治2～3次。

（六）芒果白斑病

1. 症状 主要为害叶片，病斑灰白色，小，圆形或略不规则形，后期病斑上长出黑色小粒点，即病原菌的分生孢子器，多个病斑常融合成大块病斑，造成叶片局部坏死脱落。此病多发生在春、秋两季。

2. 病原 *Ascochyta mangiferae* Batista 称芒果壳二孢，属半知菌类真菌。

3. 传播途径和发病条件、防治方法 参见芒果叶点霉叶斑病。

（七）芒果拟盘多毛孢叶枯病

1. 症状 又称灰疫病，主要为害叶片，引起叶枯。刚转绿新梢叶片多沿叶尖或叶缘产生褐色病斑。边缘深褐色，病健交界处呈波浪状或在叶缘或叶片上产生圆形或近圆形、灰褐色、直径1厘米以上的病斑，病健交界处具黄色或褐色线圈，湿度大时，病斑两面生出黑色小霉点，即病菌分生孢子盘。

2. 病原 *Pestalotiopsis mangiferae*（P. Henn.）Stey.，异名：*Pestalotia mangiferae* P. Henn.，称芒果拟盘多毛孢，属半知菌类真菌。

3. 传播途径和发病条件 病菌在病叶上或病残体上越冬，翌年春雨或梅雨季节，病残体上或病叶上产生菌丝体和分生孢子盘，盘上产生大量分生孢子，借风雨传播，肥水条件差的芒果园或苗圃易发病。紫花芒、桂香芒、象牙芒发病重。

4. 防治方法 参见芒果叶疫病。

十三、芒果细菌性顶端坏死病

1. 症状 该病常发生于芒果叶、芽、茎和花穗上，一旦染病，坏死病斑会迅速扩大，但果实不受影响。病变常开始于叶边缘和叶脉处，水浸泡过的地方常会连接成片，然后变黑略突出。该病害在哈尼阿、克里特岛、希腊芒果产区较为普遍。近年来，国内一些种植区如海南、广东零星发现类似发病症状。

Pseudomonas syringae 引起的芒果顶端坏死病症状

A. 田间症状　B. 芒果叶脉及周围坏死

C，D. 在叶片正面和背面的坏死病变症状　E. 靠近叶片底部叶脉周边坏死症状

F. 人工接种健康叶片发病症状　G. 芒果茎部的流胶症状

（引自 E. A. Trantas，E. Mpalantinaki，M. Pagoulatou，et al，First Report of Bacterial Apical Necrosis of Mango Caused by *Pseudomonas syringae* pv. *syringae* in Greece. Plant Disease，2017（101）8:1541.）

2. 病原 *Pseudomonas syringae* pv. *syringae*。

3. 防治措施

(1) 加强检疫 防止病原菌随带菌苗木、接穗扩散。

(2) 农业措施 加强水肥管理，增强植株抗性及整齐放梢；清除落地病叶、病枝、病果并集中烧毁或深埋；及时发现发病顶芽，并及时剪除烧毁，然后用酒精消毒剪刀等工具。

(3) 定期喷药保梢、保果 定期喷药是防治该病的重要措施，特别是果树修剪后，要尽快用30%氧氯化铜胶悬剂800倍液或1%等量波尔多液喷1次，以封闭枝条上的伤口。在发病高峰期前期或每次大风过后用1：2：100波尔多液，或72%农用链霉素4 000倍液、77%可得杀101可湿性粉剂600～800倍液进行喷雾。其他如30%氧氯化铜+70%甲基硫菌灵（1：1）800倍液，或3%中生菌素1 000倍液、20%噻菌铜700倍液、2%春雷霉素500倍液等对该病均有较好的防治效果。

十四、芒果细菌性干枯病

1. 症状 芒果细菌性干枯病是一种为害逐渐加重的枝条干枯病，该病经常发生在嫩叶嫩枝上。芒果叶片和枝条染病初期呈现不规则的黑褐色斑圈，中期病斑向四周蔓延，前期呈现和细菌性角斑病相似的症状，但后期染病的叶片和枝条干枯坏死，与细菌性角斑病截然不同。田间叶片感病部位初期出现不规则褐色小斑点，中期斑点逐渐扩大为黑褐色，后期病斑中心呈灰白色，边缘为水渍状黑褐色，且整张叶片卷曲枯萎。枝条发病初期，感病部位出现黑色不规则斑点，后逐渐扩大，造成枝条枯萎干死。剥开枝条韧皮部和木质部均呈黑褐色线条状坏死。

2. 病原 该病是由血红鞘氨醇单胞菌（*Sphingomonas sanguinis*）引起的。病菌在蔗糖蛋白胨平板上为圆形、黄色，表面光滑，不透明凸起，边缘规则整齐，随着培养时间的延长，菌落边缘加厚。显微镜下观察，菌体呈杆状，革兰氏染色阴性。

田间病害症状

A. 感病嫩枝　B. 全株发病　C 和 D. 病变韧皮部

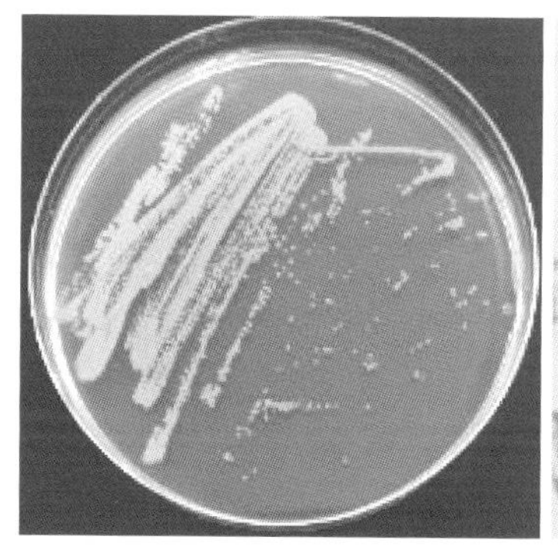
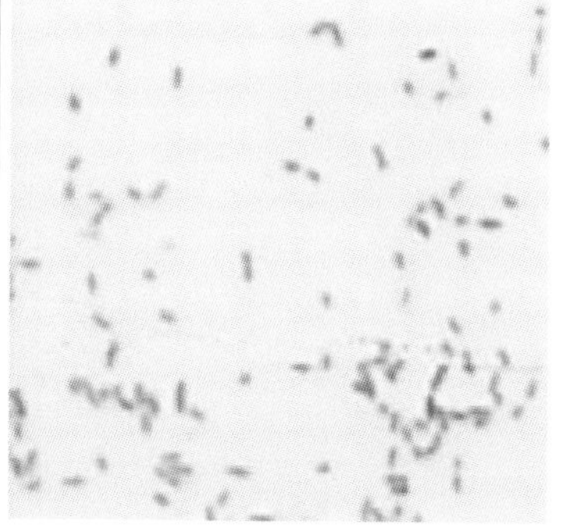

病菌菌落以及革兰氏染色图

3. 防治措施

(1) 加强检疫　阻断病菌通过苗木、接穗扩散与传播。

(2) 农业措施　及时清理田间的病叶、病枝、病果，并集中烧毁或深埋，同时加强水肥管理，增强树体的抗性能力。

(3) 定期喷药　特别是果树修剪后，要尽快用 1：2：100 波尔多液，或 72%农用链霉素 4 000 倍液喷 1 次，以封闭枝条上的伤口。

十五、芒果主要生理性病害

（一）芒果生理性叶缘焦枯

1. 症状 芒果生理性叶缘焦枯又称叶焦病、叶缘叶枯病。多出现在三年生以下的幼树。一至三年生幼树新梢发病时，叶尖或叶缘出现水渍状褐色波纹斑，向中脉横向扩展，逐渐叶缘干枯；后期叶缘呈褐色，病梢上叶片逐渐脱落，剩下秃枝，一般不枯死，翌年仍可长出新梢，但长势差，根部色稍暗，根毛少。

2. 病因 该病系生理性病害，与营养缺乏、根系活力及环境条件和管理有关。一是营养失调病树叶片中含钾量较健树高，钾离子过剩，引起叶缘灼烧。二是根系活力和周围环境，发病期气候干旱、土壤温度高、水分跟不上盐分浓度高的季节或小气候直接影响根系活力，当有适当雨水，根际条件得到改善时，植株逐渐恢复正常。

3. 防治方法 ①建园时要注意选择土壤和小气候及周围的环境条件，并注意培肥地力，改良土壤。②加强芒果园管理，幼树应施用酵素菌沤制的堆肥或薄施腐熟有机肥，尽量少施化肥，秋冬干旱季节要注意适当淋水并用草覆盖树盘，保持潮湿。③注意防治芒果拟盘多毛孢灰斑病、链格孢叶枯病、壳二孢叶斑病等，防止芒果缺钙、缺锌。④试喷云大-120植物生长调节剂3 000倍液。

（二）芒果树干裂皮病

1. 病因及发病规律 芒果树干裂皮一般由太阳暴晒引起，向阳的一面较严重。在金沙江干热河谷地区由于气候干热、昼夜温差大，易导致树干龟裂。

2. 防治措施 每年在树体修剪后涂上石硫合剂加以保护，平时发现裂皮严重的应及时补涂，以防病菌的侵染，确保树体的正常生长。

芒果树干裂皮病症状

（三）果实内部腐烂病

果实内部腐烂病一般出现于生长期果实和采后果实后熟过程，有些果实表面完好，但切开后果肉有的变黑、有的已腐烂、有的空心。目前发现的果实内部腐烂病至少有下列4种情况：①果顶果肉先糊状软化，果实中部和基部正常或不成熟，称“软鼻子病”。②果肉软化、变色，果肉呈松散的海绵状，靠果皮有一层黑褐色的分界线，随着果实的进一步成熟，内部果肉逐渐变黑腐烂，此称“海绵组织病”。③在果实种子周围的果肉先软化湿腐，而近果实表面的果肉却表现正常，称“心腐病”。④近成熟果实内部出现空心现象，空心周围组织褐化，其他果肉正常，此病称“空心病”。

1. 病因及发病规律 初步研究表明，在发病果园中，土壤有机质绝大多数属缺乏、全N含量高、交换性Ca丰富、有效B含量缺乏。但在果实中，与正常果肉相比，溃败果肉中N、K、Mn、Mg和Cu含量高，而Ca和B含量低，主要原因是土壤中N过高而影响了树体对Ca的吸收，使果实中的Ca偏低；而有效B含量在土壤中本来就很缺乏，导致果肉中B的含量也相应较低，从而导致溃败果肉中营养元素比例失调，元素间的比例不平衡引起了果肉组织内部代谢紊乱，表现为果肉溃败。

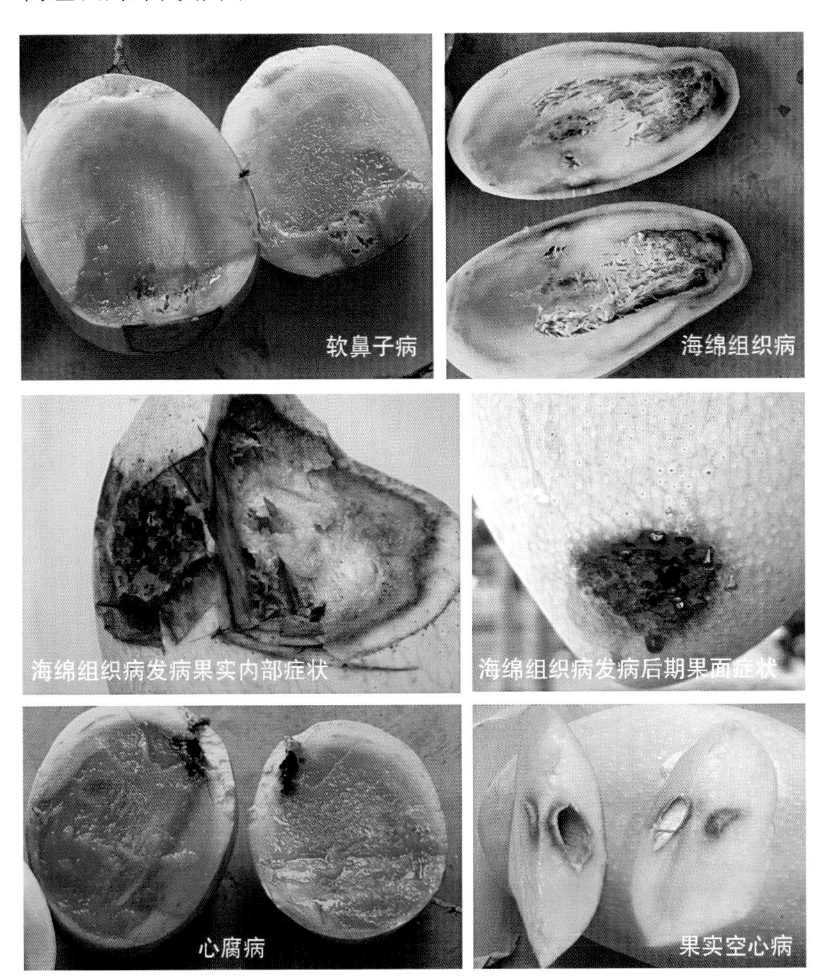

果实内部腐烂病症状

2. **防治措施** 总的原则是：维持叶片的氮含量＜1.2％，钙含量≥2.5％，可使发病率最小化。每年在根际土壤中施用碳酸钙

($CaCO_3$，石灰)，在叶片中喷施硝酸钙［$Ca(NO_3)_2$］均有助于降低此病的发病率。

对此病害的综合治理方法有：避免种植对此病敏感性品种（如Sensation、Tommy Atkins等)；使用优良的砧木，尤其吸收钙能力强的砧木；在绿熟阶段采收，但果实的提前采收，不应以牺牲果实品质为原则；施用高钙低氮复合肥；在成熟阶段，避免过量灌溉；夏季温度较高时，实施树冠地面覆盖，以降低土壤温度，减轻土壤水分蒸腾，从而减少树体钙的流失。

总之，改良果园土壤环境，防止土壤流失；多施有机肥或微生物肥，科学施用化学肥料；土壤增施石灰，树体喷施可溶性钙肥；保持土壤的营养平衡等措施均有助于减轻本病的发生。

（四）冻害

芒果冻害症状（左为冻害花序，右为正常花序）

芒果幼树冻害症状

（五）日灼病

芒果日灼病是一种非侵染性生理病害。果实生长期在缺少荫蔽的情况下，受高温、空气干燥与阳光的强辐射作用，果实表皮组织

芒果日灼斑

水分失衡发生灼伤。发病程度与气候条件、树势强弱、果实着生方位、果实套袋与否及果袋质量、果园田间管理情况等因素密切相关。雨天突然转晴后，受日光直射，果实易发生日灼；植株结果过多，树势衰弱，会加重日灼发生；树冠外围果实向阳面日灼发生重。芒果日灼病一般发生于不套袋的果实。

防治措施

1. **合理施肥灌水** 增施有机肥，合理搭配氮、磷、钾和微量元素肥料。生长季节结合喷药补施钾、钙肥。遇高温干旱天气及时灌水，降低园内温度，减轻日灼病发生。

2. **果实套袋** 应于坐果稳定后尽早套袋。选择防水、透气性好的芒果专用果袋。套袋前全园喷1次优质保护性杀菌剂，药液晾干后再开始套袋。注意避开雨后的高温天气和有露水时段，并要将袋口扎紧封严。为了促进果实着色，果实采收前10多天去袋，或直接换成白色单层袋。去袋时间宜在晴天上午10:00以前和下午4:00以后，阴天可全天进行。

（六）裂果

如果在果实生长期长时间干旱少雨，成熟期又突遇密集雨

芒果裂果症状

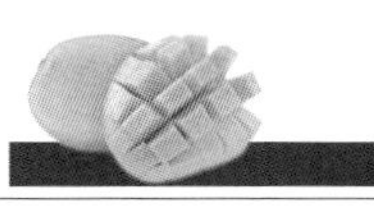

水，会导致果实开裂，随后被腐生菌或其他病原菌定殖而失去食用价值。

（七）除草剂药害

除草剂药害受害果实和叶片症状

草甘膦等除草剂在田间施用时，不慎（或随风飘移）喷到果实或叶片上时，表面出现坏死斑，叶片干枯。

预防：喷雾器喷头用喇叭口塑料物罩住，以控制喷雾范围。风较大时停止喷药。

（八）营养失调症

1. 缺镁（Mg）症 先从老叶的叶脉间黄化，然后扩展到嫩叶。高酸性土或高碱性土中易出现此症状。缺镁的果园中，在改良土壤、增施有机肥料的基础上适当地施用镁盐，可以有效地防治缺镁症。①土施。在酸性土壤（pH6.0 以下）中，为了中和土壤酸度应施用石灰镁（每株施 0.75～1 千克），在微酸性至碱性土壤，应施用硫酸镁，镁盐可混合在堆肥中施用。此外，要增施有机质，在酸性土中还要适当多施石灰。②叶面施肥。叶面喷施 2%～3%硫酸镁 2～3 次可恢复树势，对于轻度缺镁的植株，叶面喷施见效快。

芒果缺镁症状

（引自 The Mango. 2nd Edition. Edited by Richard E. Litz）

2. 缺硼（B）症 缺硼时叶脉增粗、叶畸形、顶部节间缩短；花不实或少实，果实畸形；产量、品质明显下降。主要措施有增施硼肥，如喷0.1%硼砂，或施用含硼营养液、土壤埋施硼砂（成年树年株施50～100g），有助于改善芒果树体的硼素营养，提高坐果率，果实品质改善。

3. 硼毒症 若不考虑果园土壤实际情况，长期频施硼肥会导致硼过量，产生硼毒害症。症状是叶片先端出现黄色斑驳，随着毒害程度加剧，斑驳由先端叶缘向下扩大，以致叶缘灼伤坏死；其老叶先端背面有褐色树脂状斑点。症状严重者，落叶加剧，树势衰退。主要措施有暂停施硼，增施石灰及有机肥，使植株生长正常。

4. 缺铁（Fe）症 初期，新梢叶片褪绿，呈黄白色，下部老叶也较正常。随新梢生长，病情逐渐加重，全树新梢顶端嫩叶严重失绿，叶脉呈淡绿色，以至全叶变成黄白色。严重时，新梢节间短，发枝力弱，花芽不饱满，严重影响植株的生长、结果以及果品的品质。数年后，树势衰弱，树冠稀疏，最后全树死亡。

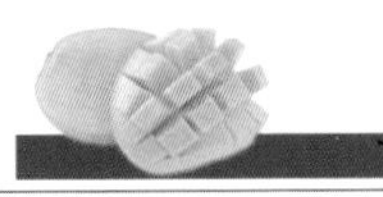

芒果缺硼症状

（引自 The Mango. 2nd Edition. Edited by Richard E. Litz）

硼元素过量症状

（引自 The Mango. 2nd Edition. Edited by Richard E. Litz）

芒果缺铁症状

(引自 The Mango. 2nd Edition. Edited by Richard E. Litz)

主要防治措施：改良土壤，增施有机肥，间作绿肥，以提高土壤中腐殖质含量，改良土壤结构及理化性质。适当补充铁素，发病严重的果树，发芽前可喷施0.3%～0.5%的硫酸亚铁溶液控制病害发生，或用0.05%～0.1%的硫酸亚铁溶液树干注射，或在土壤中施用适量的螯合铁。土施或叶面喷施都要注意不可过量，以免产生药害。

5. 缺锌（Zn）症 新梢生长失常，顶端叶片褪绿黄化，节间短缩，形态畸变。缺锌严重的，腋芽萌生，形成多量细瘦小枝，密生成簇，后期落叶，新梢由上而下枯死。

主要防治措施：增施有机肥，降低土壤pH，增加锌盐的溶解度，便于果树吸收利用。补充锌元素，发芽前树上喷施3%～5%的硫酸锌或发芽初喷施1%的硫酸锌溶液。结合春、秋施基肥，每株结果树（十年生左右）加施硫酸锌0.1～0.3千克，施后第二年显效，并可持续3～5年。改良土壤，对盐碱地、黏土地、沙地等土壤条件不良的果园，应该采用生物措施或工程措施改良土壤，释放被固定的锌元素，创造有利于根系发育的良好条件，可从根本上解决缺锌症问题。

芒果缺锌症状

（引自 The Mango. 2nd Edition. Edited by Richard E. Litz）

芒果主要虫害

一、横线尾夜蛾

横线尾夜蛾为害花穗状

1. 生物学习性及为害特点 横线尾夜蛾（*Chlunetia transoersa* Walker）又称钻心虫、蛀梢蛾，属鳞翅目夜蛾科。在广东、广西一年发生7～8代，云南、四川一年发生5～6代，世代重叠。世代历期春、夏季35～50天，冬季约为118天。于枯枝、树皮等处以预蛹或蛹越冬，翌年1月下旬至3月下旬陆续羽化。雌虫在叶片上产卵，多数散产，每雌产卵量为54～435粒。幼虫共5龄，低龄幼虫一般先为害嫩叶的叶柄和叶脉，少数直接为害花蕾和生长点；三龄以后集中蛀害嫩梢和穗轴；幼虫老熟后从为害部位爬出，在枯枝、

芒果花穗中的横线尾夜蛾幼虫

横线尾夜蛾为害嫩枝

树皮或其他虫壳、天牛排粪孔等处化蛹，在枯烂木中化蛹的最多。成虫趋光性和趋化性不强。

幼虫蛀食嫩梢、花穗，引起枯萎，影响生长，削弱树势。全年各时期为害程度与温度和植株抽梢情况密切相关，平均气温 20℃以上时为害较重。一般在 4 月中旬至 5 月中旬、5 月下旬至 6 月上旬、8 月上旬至 9 月上旬以及 11 月上中旬出现 4 次为害高峰。

2. 防治措施 在卵期和幼虫低龄期进行防治，一般应在抽穗及抽梢时喷药。芒果新梢抽生 2～5 厘米时，用 40%速扑杀、50%稻丰散、90%敌百虫 800～1 000 倍液，或 20%氰戊菊酯（速灭杀丁、杀灭菊酯）、2.5%高效氯氟氰菊酯（功夫）1 200 倍液，或 25%灭幼脲悬浮剂 2 000 倍液、20%氯虫苯甲酰胺 8 000 倍液等喷雾处理。

二、脊胸天牛

1. 生物学习性及为害特点 芒果脊胸天牛（*Rhytidodera bowringii* White），属鞘翅目天牛科，分布于广东、广西、四川、云南、海南、福建。成虫体长 33～36 毫米，宽 5～9 毫米，体细长，栗色或栗褐色至黑色；腹面、足密生灰色至灰褐色绒毛；头部、前胸背板、小盾片被金黄色绒毛，鞘翅上生灰白色绒毛，密集处形成不规则毛斑及由金黄色绒毛组成的长条斑，排列成断续的 5 纵行。卵长

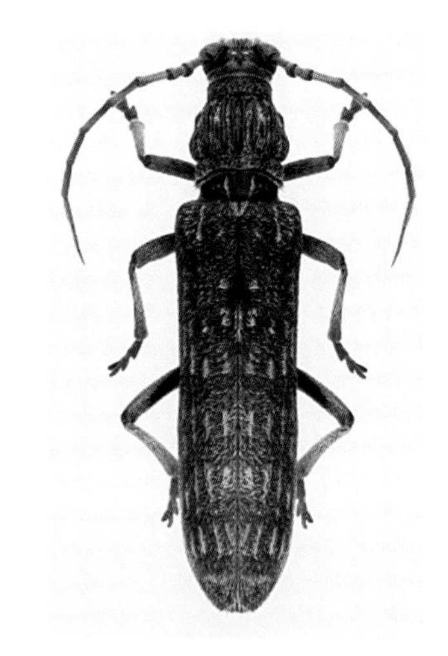
芒果脊胸天牛成虫
（引自 http：//www.forestryimages.org/browse/detail.cfm？imgnum =5208095）

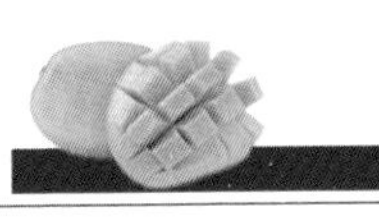

1毫米左右，长圆筒形。幼虫浅黄白色，体长55毫米，圆筒形，黄白色，前缘有断续条纹。蛹长29毫米，黄白色扁平。以幼虫蛀害枝条和树干，造成枝条干枯或折断，影响植株生长，严重时整株枯死，整个果园被摧毁。一年发生1代，主要以幼虫越冬，少量以蛹或成虫在蛀道内越冬。在海南，成虫3～7月发生，4～6月进入羽化盛期；在云南，6～8月为成虫羽化盛期。交配后的雌虫产卵于嫩枝近端部的缝隙中或断裂处或老叶的叶腋、树杈处，每处1粒，每雌产卵数十粒。幼虫孵化后蛀入枝干，从上至下钻蛀，虫道中隔33厘米左右咬1排粪孔，虫粪混有黏稠黑色液体，由排粪孔排出，是识别该虫的重要特征。11月可见少数幼虫化蛹或成虫羽化，但成虫不出孔，在枝中的虫道里越冬。

2. 防治措施

（1）5～6月成虫盛发时进行人工捕捉，或利用成虫的趋光性安装黑光灯诱杀。

（2）6～7月幼虫孵化盛期或冬季越冬期，把有虫枝条剪除，集中烧毁。

（3）幼虫期用铁丝捕刺或钩杀之。

（4）成虫羽化盛期，用石灰液涂刷树干2米以下范围，阻止成虫产卵。

（5）用50%或70%马拉硫磷乳油、48%毒死蜱乳油注入虫孔内，再用黄土把口封住，可熏死幼虫。

三、橘小实蝇

1. 生物学习性及为害特点 橘小实蝇［*Bactrocera dorsalis* (Hendel)］又称柑橘小实蝇、东方果实蝇、针蜂、果蛆等，属双翅目实蝇科寡毛实蝇属。国外分布于美国、澳大利亚、印度、巴基斯坦、日本、菲律宾、印度尼西亚、泰国、越南等，国内分布于广东、广西、福建、四川、湖南、台湾等省（自治区）。幼虫在果内取食为害，常使果实未熟先黄脱落，严重影响产量和质量。除柑橘外，还为害芒果、番石榴、番荔枝、枇杷等200余种果实。我国列为国内外的检疫对象。

华南地区每年发生3～5代，无明显的越冬现象，田间世代发生叠置。成虫羽化后需要经历较长时间的补充营养（夏季10～20天，秋季25～30天，冬季3～4个月）才能交配产卵，卵产于将近成熟的果皮内，每处5～10粒不等。每雌虫产卵400～1 000粒。卵期夏、秋季1～2天，冬季3～6天。幼虫孵出后即在果内取食为害，使果肉腐烂，失去商品价值。幼虫期在夏、秋季7～12天，冬季13～20天。老熟后弹跳入土化蛹，深度3～7厘米。蛹期夏、秋季8～14天；冬季15～20天。

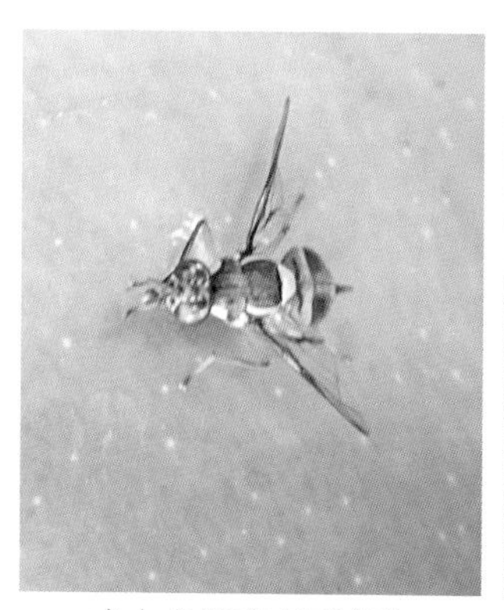
成虫在果实表面产卵

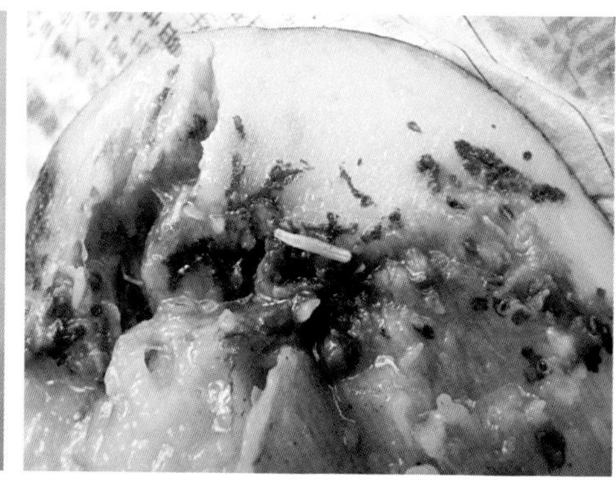
幼虫在果肉中为害

受害果实落果

幼虫弹跳入土化蛹

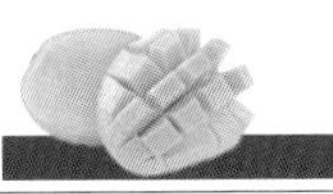

2. 防治措施

(1) 严格检疫 严禁带虫果实、苗木调运。

(2) 清洁田园 及时摘除被害果、收拾落果，用塑料袋包好浸泡于水中5天以上，或将虫果挖沟深埋（盖土20厘米以上，压实）。

(3) 物理诱杀 用特制的食物诱剂诱杀成虫。如用“盛唐”牌食物诱剂可以同时诱杀橘小实蝇雄成虫和雌成虫，克服了甲基丁香酚只能诱杀雄成虫的缺陷。结合及时捡果、清理果园等农业措施，其防效可达90%以上。

(4) 化学防治 树冠喷药：当田间诱虫量较大时，用20%氰戊菊酯1 000倍液、25%灭幼脲悬浮剂2 000倍液进行树冠喷药。常用药剂：敌敌畏、马拉硫磷、辛硫磷、阿维菌素等。地面施药：亩用5%辛硫磷颗粒剂0.5千克，拌沙5千克撒施，或45%马拉硫磷乳油500～600倍液在地面泼浇，一般每隔2个月1次，以杀灭脱果入土化蛹的老熟幼虫和刚羽化成虫。

(5) 套袋防虫 在芒果谢花后的幼果期套芒果专用果袋，以减少雌成虫在果实上的产卵机会。

四、叶瘿蚊

1. 生物学习性及为害特点 芒果叶瘿蚊（*Erosomyia mangiferae* Felt），属双翅目瘿蚊科。国内分布于广西、广东等地，以幼

芒果叶瘿蚊为害状

虫为害嫩叶、嫩梢，被害嫩叶先见白点后呈褐色斑，穿孔破裂，叶片卷曲，严重时叶片枯萎脱落以致梢枯。

芒果叶瘿蚊在广东、广西一年发生15代。每年4月至11月上旬均有发生。11月中旬后幼虫入土3～5厘米处化蛹越冬。翌年4月上旬前后羽化出土，出土当晚开始交尾，翌日上午雌虫将卵散产于嫩叶背面，成虫寿命2～3天。幼虫咬破嫩叶表皮钻进叶内取食叶肉，受害处初呈浅黄色斑点，进而变为灰白色，最后变为黑褐色并穿孔，受害严重的叶片呈不规则网状破裂以至枯萎脱落。随后老龄幼虫入土化蛹。

2. 防治措施

（1）清除果园杂草，清除枯枝落叶。

（2）统一修剪，确保新梢期集中，以便于集中防治。

（3）新梢嫩叶抽出时，树冠喷施20%杀灭菊酯（速灭杀丁）、2.5%高效氯氟氰菊酯（功夫）或2.5%溴氰菊酯（敌杀死）2 000～3 000倍液，7～10天喷1次，1个梢期喷2～3次。或地面土施5%辛硫磷颗粒剂4.5千克/亩，或40%甲基辛硫磷乳油2 000～3 000倍液喷洒地面，才能彻底消灭。

五、介壳虫

我国芒果介壳虫种类很多，达5科45种，其中比较常见的有椰圆盾蚧（*Aspidiotus destructor* Signoret）、芒果轮盾蚧［*Aulacaspis tubercularis*（Nemst）］、矢尖蚧［*Unaspis yanonensis*（Kuwana）］、角蜡蚧［*Ceroplastes ceriferus*（Fabricius）］、大洋臀纹粉蚧［*Planococcus minor*（Maskell）］等。属局部偶发性主要害虫，仅在少数果园造成危害。可为害树冠局部的枝梢、叶片和果实，吸食其组织的汁液，引起落叶、落果，严重时引起树体早衰。虫体固着在果皮造成虫斑，并分泌大量蜜露和蜡类，诱发烟煤病，影响果实外观。

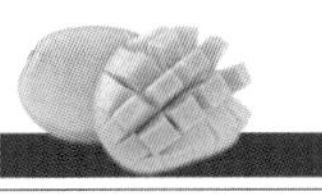

矢尖蚧为害状

粉蚧为害状

1. **生物学习性及为害特点** 椰圆盾蚧（*Aspidiotus destructor* Signoret），又名木瓜介壳虫。属同翅目。分布广，寄主达70多种。若虫和雌成虫附着于叶背、枝条或果实表面，刺吸组织中的汁液，被害叶片正面呈黄色不规则的斑纹。椰圆盾蚧在长江以南各地一年发生2～3代，均以受精雌成虫越冬，翌年3月中旬开始产卵，

蜡蚧为害状

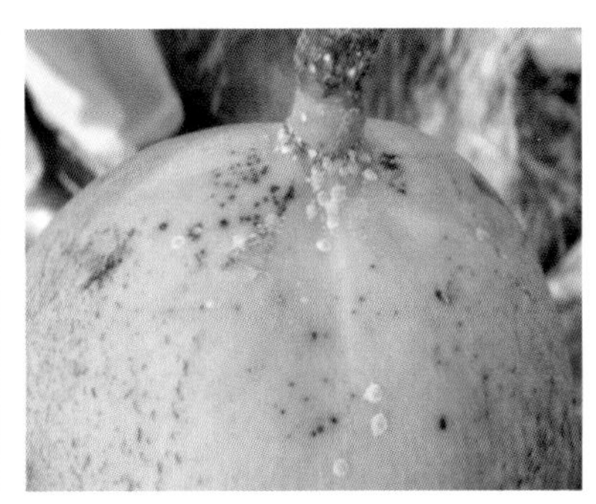

盾蚧为害状

4～6月以后盛发。雄成虫羽化后即与雌成虫交尾，交尾后很快死亡。每雌产卵约15粒。初孵若虫向新叶及果上爬动，后固定在叶背或果上为害。

2. 防治措施

（1）加强修剪 提高树冠及整个果园的通风透光度，秋剪时将受害重的枝梢整枝剪除，并集中烧毁。

（2）化学防治 若虫初发时，以40%毒死蜱800倍液或20%哒螨灵、30%吡虫·噻嗪酮水悬浮剂的1 500倍液等对树冠喷雾。

六、蚜虫

为害芒果的蚜虫有芒果蚜［*Aphis odiaae*（Van der Goot）］、橘二叉蚜（*Toxoptera aurantii* Boyer）等。

芒果蚜为害状

1. 生物学习性及为害特点　芒果蚜属同翅目蚜科。芒果蚜以成虫、若虫集中于嫩梢、嫩叶的背面，花穗及幼果柄上吸取汁液，引起卷叶、枯梢、落花落果，影响新梢伸长，严重时导致新梢枯死。蚜虫分泌的蜜露容易引起煤污病。

2. 防治措施

（1）利用天敌防治蚜虫　蚜虫的天敌有瓢虫、食蚜蝇、草蛉、蜘蛛、步行甲等，施药时选用选择性较强的农药，减少杀伤天敌。

橘二叉蚜为害状

（2）药剂防治　蚜虫大量发生期可用40%毒死蜱1 000倍液或50%抗蚜威、2.5%高效氯氟氰菊酯（功夫）1 500倍液叶面喷施，施药间隔7～10天，施药次数为2～3次，注意药剂的轮换使用。

七、蓟马

为害芒果的蓟马种类有茶黄蓟马、黄胸蓟马、广肩网纹蓟马、中华管蓟马、红带蓟马、褐蓟马、威岛蓟马、淡红皱纹蓟马、醋色皱纹蓟马等，其中茶黄蓟马为优势种，黄胸蓟马发生程度其次。

1. 生物学习性及为害特点　蓟马，缨翅目蓟马科。为害芒果嫩叶、花穗及幼果，早期在叶背取食，随着虫口的增加，蓟马转移到叶表面取食。以成虫、若虫锉吸芒果树汁液，造成嫩叶、幼果表面组织挫伤呈木栓化，造成叶片变色，严重影响芒果嫩叶和幼果的生长发育。茶黄蓟马整年在芒果树上活动，一年发生10～12代，

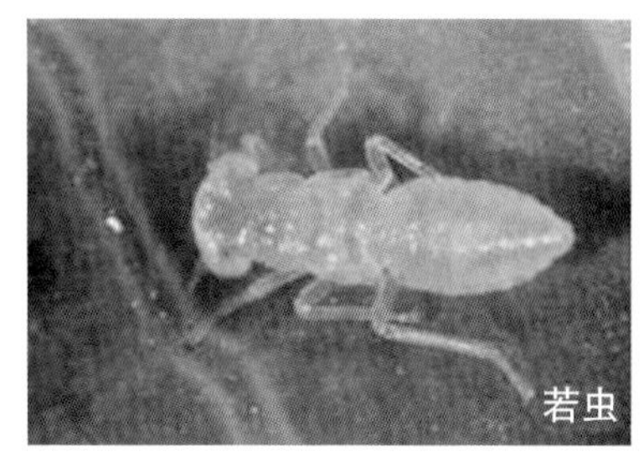

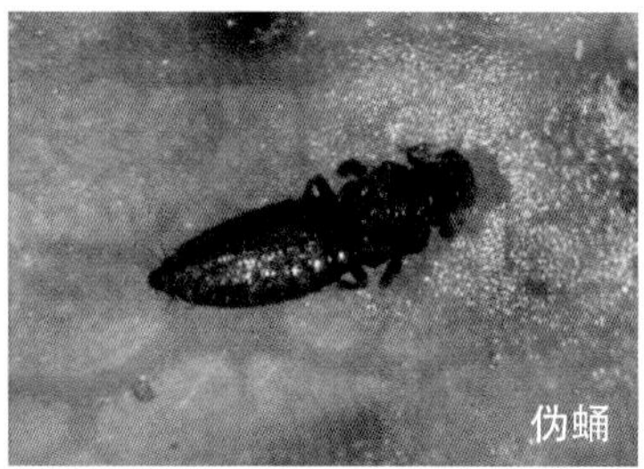

蓟马若虫与伪蛹

蓟马为害状

蓟马为害状

世代重叠，各虫态并存。成虫、若虫早晚或阴凉天气在叶面和幼果上活动，受惊扰后可作短距离移动。成虫产卵于叶背侧脉或叶肉中，若虫孵化后即在嫩叶背面吸取汁液。一年中以芒果花期及嫩叶期虫口密度最大，干旱季节为害加重。

2. 防治措施

（1）农业措施 加强芒果园栽培管理，清除果园杂草，每年收果后及时修枝整形，使抽梢期一致，有利于集中防治。

（2）化学防治 在抽梢、花期、幼果期，结合其他害虫防治，用25%噻虫嗪（阿克泰）2 000～3 000 倍液，或 50%吡虫啉、2.5%高效氯氟氰菊酯（功夫）2 000 倍液，或 1.8%阿维菌素乳油 1 500 倍液喷雾防治。

（3）物理防治 悬挂黄色或蓝色粘板于花穗附近进行粘杀。

八、芒果象甲

为害我国芒果的象甲主要有芒果果实象甲（*Sternochetus olivieri* Faust，异名 *Acryptorrhynchus olivieri* Faust）、芒果果核象甲[*Sternochetus mangiferae*（Fabricius）]、芒果果肉象甲（*Sternochetus frigidus* Fabricius，异名 *Acryptorrhynchus frigidus* F.）和芒果切叶象甲（*Deporaus marginatus* Pascoe）。除芒果切叶象甲为害叶片外，其余 3 种均为害果实，是国内外的检疫对象。

为害果实的 3 种象甲

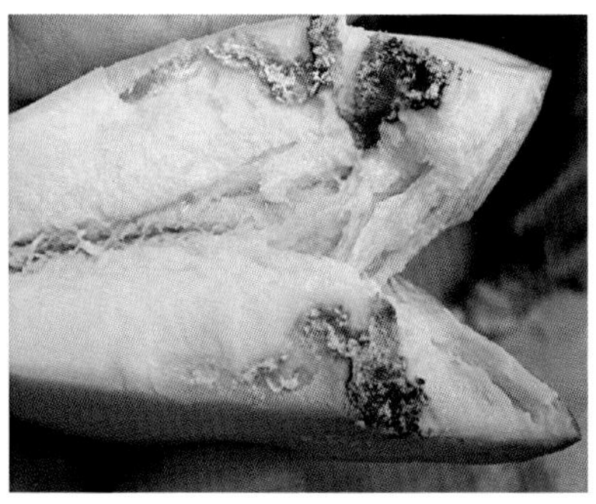

果实受害状

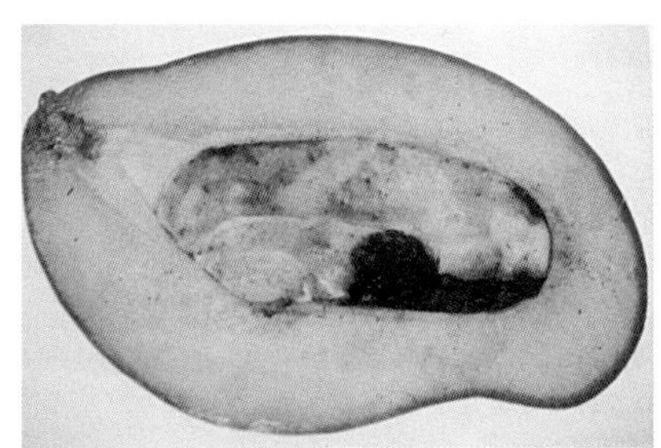

芒果种子受害状

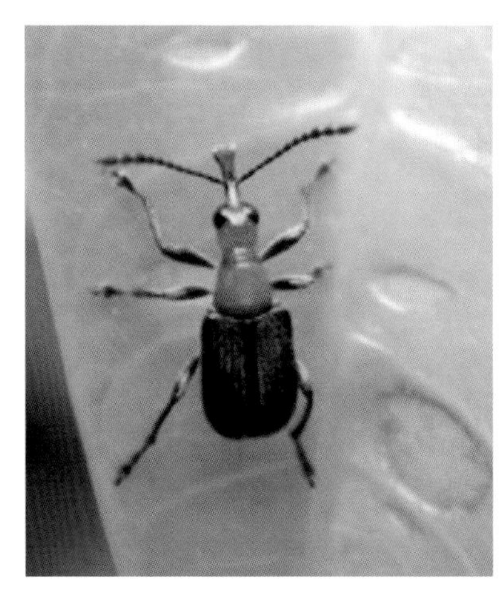
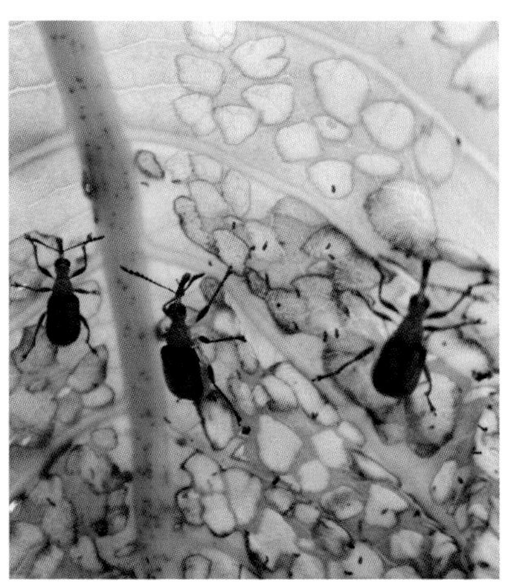

芒果切叶象甲

切叶象甲为害状

1. 生物学习性及为害特点

（1）芒果果实象甲 国内分布于云南省，国外分布于越南、缅甸、柬埔寨。幼虫为害果核，造成落果或使种核丧失发芽能力。云南每年发生1代，以成虫在果核内或枝干裂缝处越冬，翌年2～3月飞出，在花序和嫩叶上取食补充营养，交尾后产卵于幼果的表皮，孵化后幼虫蛀入果核，取食子叶，6～7月新成虫大量出现。

（2）芒果果肉象甲 分布于我国云南省及东南亚各国。幼虫蛀食果肉，并形成不规则的纵横蛀道，充满虫粪，不堪食用。每年发生1代。成虫在树干裂缝、树洞等处越冬，翌春活动，经取食嫩梢或幼果皮层作补充营养后产卵于幼果果内。孵化后，幼虫在果内取食果肉，老熟后亦在果内化蛹。成虫羽化后咬破果皮而出，取食芒果嫩梢幼叶。

（3）芒果果核象甲 主要分布于云南省（景洪、勐腊）。幼虫蛀食果核，导致幼果脱落，象牙芒最易受害。每年发生1代。成虫在土壤中越冬，翌年春天出土活动并产卵于幼果内。孵化后幼虫钻入果核为害，被害果于幼虫接近老熟时脱落。

（4）芒果剪叶象甲 在广西、海南、云南、广东、福建等省（自治区）均有发现。成虫除取食嫩叶为害外，雌成虫在嫩叶产卵后便将叶片从基部咬断，使受害新梢成为秃枝，严重影响树体生长势。卵随叶片落地，孵化后取食叶肉，老熟后入土化蛹。每年发生7～9代，世代重叠。以幼虫在土内越冬，每年3～4月羽化出土，为害嫩梢。

2. 防治措施

（1）加强检疫 严禁到疫区调运种子、果实和苗木。新区一经发现，应坚决扑灭。

（2）清洁果园 经常清除落果、果核、落叶，并集中烧毁。

（3）冬季管理 冬季清园时堵塞树干孔洞，并向树冠喷施90%敌百虫800倍液，消灭越冬成虫。

（4）幼果期防治 幼果期用2.5%高效氯氟氰菊酯（功夫）1 200倍液，或90%敌百虫800倍液喷洒树冠，每次间隔7～10天，连续3～4次。

九、白蛾蜡蝉、广翅蜡蝉

1. 生物学习性及为害特点 同翅目，蛾蜡蝉科。国内分布于广东、海南、广西、云南等地。寄主主要有柑橘、荔枝、龙眼、芒果等。成虫、若虫吸食嫩枝汁液，影响生长，并会诱发煤烟病。幼果受害后，落果或发育不良。

白蛾蜡蝉

（引自 http：//www.sgzb.net/onews.asp? id=368）

广翅蜡蝉

白蛾蜡蝉成虫体长19～21.3毫米，黄白色或碧绿色，头尖，圆锥形，体上被有白色蜡粉。一年发生2代，以成虫在茂密枝叶上越冬，翌年2～3月天气转暖后，越冬成虫开始取食、交尾、产卵。成虫集中产卵于嫩枝或叶柄上。第一代卵盛孵期在3月下旬至4月中旬，4～5月为第一代若虫高峰期，成虫盛发于6～7月间；第二代卵盛孵期在7月中旬至8月中旬，8～9月为第二代若虫高峰期。第二代若虫从9月中旬起开始羽化为第二代成虫，天气转冷后，第二代成虫进入越冬阶段。初孵若虫群集为害。随着龄期增大，若虫成群上爬或跳动。在阴雨连绵或雨量比较多的夏秋季，该虫发生较重。

广翅蜡蝉成虫体长11.5～13.5毫米，翅展23.5～26毫米，黑褐色，前翅宽大，略呈三角形，疏被白蜡粉。一年发生1代，以卵于枝条内越冬。白天活动为害，若虫有群集性，常数头在一起排列枝上，爬行迅速，善于跳跃；成虫飞行力较强且迅速，产卵于当年生枝木质部内，每处成块产卵5～22粒，产卵孔排成1纵列，孔外带出部分木丝并覆有白色绵毛状蜡丝，极易发现与识别。每雌可产卵120～150粒，产卵期30～40天。成虫寿命50～70天，至秋后陆续死亡。

2. 防治措施 用90%敌百虫、50%混灭威乳油1 000倍液，或20%异丙威（叶蝉散）乳油、50%仲丁威（巴沙）乳油800倍液，或50%吡虫啉可湿性粉剂2 000倍液加0.1%的洗衣粉液喷杀。3月上中旬和7月中下旬成虫产卵初期，喷药效果最好。

十、叶蝉

我国为害芒果的叶蝉有扁喙叶蝉、黑颜单凸叶蝉、大红叶蝉等，其中比较常见的是扁喙叶蝉。

1. 生物学习性及为害特点 芒果扁喙叶蝉［*Idiscopus incertus* (Baker)］，又叫芒果片角叶蝉、芒果叶蝉。属同翅目，叶蝉科。国内分布于广东、海南、广西、云南、福建等地，成虫、若虫均能为害，造成叶萎缩、畸形，落花落果甚至导致失收，并会诱发煤烟病。

扁喙叶蝉若虫与成虫

芒果扁喙叶蝉成虫、若虫从4～5月到9～10月都有发生，春梢、夏梢、秋梢都会遭受为害，其中以4～5月为害最盛。成虫、若虫群集于嫩梢、嫩叶、花穗和幼果等处，刺吸汁液。卵产于嫩芽和嫩叶中脉的组织内，斜插在表皮下面，数粒或10多粒连接成片，还分泌胶质物遮盖产卵口，使外表隆起。孵化时，若虫从叶表皮下

钻出，使表皮裂开，叶片弯曲变形，嫩芽枯死。

2. 防治措施 若虫盛发期，用90%敌百虫、50%混灭威乳油1 000倍液，或20%异丙威（叶蝉散）乳油、50%仲丁威（巴沙）乳油800倍液，或50%吡虫啉可湿性粉剂2 000倍液加0.1%的洗衣粉液喷杀。3月上中旬和7月中下旬成虫产卵初期，喷药效果最好。

附录1　波尔多液的配制

波尔多液是由硫酸铜、生石灰和水配制而成的一种保护性杀菌剂，有效成分为碱式硫酸铜。

1. 波尔多液的原料　配制波尔多液时，要注意选择原料。硫酸铜的质量一般都能达到要求。石灰的质量对波尔多液的质量影响很大。要选用烧透的块状石灰（质轻、色白，敲击时有清脆响声），粉末状的消石灰不宜采用。配制硫酸铜液时不能用铁桶，以防腐蚀。

2. 波尔多液的配制

两药混合法：硫酸铜和生石灰分别放在非金属的容器中，加入少量的热水并搅拌化开，再分别倒入总水量为一半的非金属容器中，滤去残渣，最后将两液同时慢慢倒入一个非金属容器中，边倒边搅拌，配成天蓝色的波尔多液。

硫酸铜溶液注入法：先将硫酸铜和生石灰分别放入非金属容器中，用少量的热水搅拌化开，用总水量1/3倒入盛有生石灰的非金属容器中，再用总水量2/3倒入盛有硫酸铜的非金属容器中，各容器搅拌充分溶解后滤去残渣，最后将硫酸铜溶液慢慢倒入溶解生石灰的溶液中，边倒边搅拌，配成天蓝色的波尔多液。

还可采用稀硫酸铜液倒入浓石灰液中的方法。先将硫酸铜用2/3的水溶解，用1/3的水化开石灰而成石灰乳，然后将硫酸铜液倒入石灰乳中，并不断搅拌，使两液混合均匀即可。此法配成的波尔多液质量好，胶体性能强，不易沉淀。要注意不能反倒，否则易发生沉淀。

实际运用中用木桶或缸把一定量的硫酸铜用90%水量搅拌溶解，滤去渣，制成硫酸铜溶液。另用一个比较大的木桶或一定量的石灰先用少量水溶化，再加足10%水量，滤去渣，制成石灰液。然后把硫酸

铜液慢慢倒入石灰液桶内（切忌把石灰液倒入硫酸铜液，否则会引起质量下降），一边倒一边搅拌，即成天蓝色胶状的波尔多液。

大面积果园一般要建配药池，配药池由一个大池、两个小池组成，两个小池设在大池的上方，底部留有出水口与大池相通。配药时，塞住两个小池的出水口，用一小池稀释硫酸铜，另一小池稀释石灰，分别盛入需兑水数的1/2（硫酸铜和石灰都需要先用少量水化开，并滤去石灰渣子）。然后，拔开塞孔，两小池齐汇注于大池内，搅拌均匀即成。

所谓半量式、等量式和多量式波尔多液，是指石灰与硫酸铜的比例。而配制浓度1%、0.8%、0.5%、0.4%等，是指硫酸铜的用量。例如施用0.5%浓度的半量式波尔多液，即用硫酸铜1份、石灰0.5份、水200份配制。也就是1∶0.5∶200倍波尔多液。一般采用石灰等量式，病害发生严重时，可采用石灰半量式以增强杀菌作用，对容易发生药害的品种则采用石灰倍量式或多量式。

3. 注意事项　①选料生石灰应选优质、色白、质轻、新鲜的块状生石灰，视杂质含量的多少应补足生石灰数量，熟化的粉状石灰不能使用；硫酸铜应选青蓝色的、有光泽的硫酸铜结晶体，含有红色或绿色杂质的硫酸铜不能使用。②按顺序采用硫酸铜溶液注入法配制时，顺序不能颠倒，否则所配制的波尔多液会产生较多的沉淀。③冷却两溶液混合前，石灰溶液应冷却至常温，否则极易沉淀。④要用非金属容器配制波尔多液，严禁用金属容器，因金属容器容易将硫酸铜中的铜析出，达不到防病目的。⑤一次配制按硫酸铜、生石灰、水的比例一次配成，不能配成浓缩液后再加水，否则就会形成沉淀和结晶。⑥全部溶解波尔多液配制时，硫酸铜一定要全部溶解完毕，药渣喷到果面上，会产生红褐色药害斑点。⑦波尔多液呈碱性，含有钙，不能和怕碱药剂（如敌敌畏、代森锌）以及石硫合剂、松脂合剂、矿物油剂混用，为了避免药害发生，在喷过波尔多液的作物上，15～20天内不能喷石硫合剂。但可以和可湿性硫黄混用。⑧采收前半个月不要喷洒波尔多液，以免污染。⑨用过波尔多液的喷雾器要及时用水洗净。

附录2 石硫合剂的熬制

石硫合剂有强碱性、腐蚀性，其有效成分是多硫化钙（CaS. Sx）。石硫合剂具有强烈的臭鸡蛋气味，性质不稳定，易被空气中的氧气、二氧化碳分解。一般来说，石硫合剂不耐长期贮存。石硫合剂具有杀虫、杀螨、杀菌作用，可以防治树木花卉上的红蜘蛛、介壳虫、锈病、白粉病、腐烂病及溃疡病等。此外，施后分解产生的硫黄细粒，对植物病害有良好的防治作用。

石硫合剂是用生石灰、硫黄粉熬制而成的红褐色透明液体。

石硫合剂的质量，一般以原液浓度的大小来表示，通常用波美比重计测量。原液浓度大，则波美比重表的度数高。一般自行熬制的石硫合剂浓度多为20～28波美度。根据需要稀释不同波美度的石硫合剂，其稀释方法为：稀释倍数=（原液浓度－需要浓度）÷需要浓度。

1. 石硫合剂的原料 按照生石灰1份、硫黄粉2份、水10份的比例，生石灰最好选用较纯净的白色块状，硫黄以粉状为宜。

2. 石硫合剂的熬制 ①把硫黄粉先用少量水调成糊状的硫黄浆，搅拌越均匀越好。②把生石灰放入铁桶中，用少量水将其溶解开，调成糊状，倒入铁锅中并加足水量，然后用火加热。③在石灰乳接近沸腾时，把事先调好的硫黄浆自锅边缓缓倒入锅中，边倒边搅拌，并记下水位线。④强火煮沸40～60分钟，待药液熬至红褐色、捞出的渣滓呈黄绿色时停火，其间用热开水补足蒸发的水量至水位线。补足水量应在撤火15分钟前进行。⑤冷却过滤出渣滓，得到红褐色透明的石硫合剂原液，测量并记录原液的浓度。

3. 注意事项 ①熬制时，必须用瓦锅或生铁锅，使用铜锅或

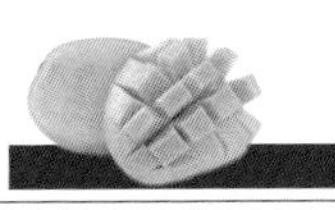

铝锅则会影响药效。②溶解生石灰时应用少量水，水过多漫过石灰块时，石灰溶解反而更慢。③熬煮时火力要强，不停地搅拌，但后期不宜剧烈搅拌，从沸腾倒入硫黄后熬制时间一般不超过 1 小时，否则，得不到高浓度的石硫合剂。在加热过程中防止溅出的液体烫伤眼睛。④本药最好随配随用，长期贮存易产生沉淀，挥发出硫化氢气体，从而降低药效。必须贮存时应在石硫合剂液体表面用一层煤油密封。⑤使用前要充分搅匀，长时间连续使用易产生药害。夏季高温 32℃以上、春季低温 4℃以下时不宜使用。⑥忌与波尔多液、铜制剂、机械乳油剂、松脂合剂及在碱性条件下易分解的农药混用。与波尔多液前后间隔使用时，必须有充足的间隔期。先喷石硫合剂的，间隔 10～15 天后才能喷波尔多液。先喷波尔多液的，则要间隔 20 天后才可喷用石硫合剂。⑦施用石硫合剂后的喷雾器，必须充分洗涤，以免腐蚀损坏。

附录3　芒果各物候期主要病虫害种类及防治策略

芒果病虫害较多，但生产上主要以炭疽病、白粉病、细菌性角斑病、叶瘿蚊、横线尾夜蛾、切叶象甲、茶黄蓟马、橘小实蝇等为害较为严重，而且大部分集中在新梢期、花期、幼果期和果实成熟后期发生。芒果标准化生产中病虫害的防治应用病虫害可持续控制的策略，做好病虫害的监测和预警工作，在病虫害发生的关键阶段适时防治。以加强栽培管理，改善芒果园生态环境，保持农业生态系统的平衡和生物多样化为基础，综合应用农业防治、物理防治、生物防治技术，配合使用符合绿色食品生产要求的低毒低残留化学农药，将病虫为害控制在经济阈值之下。

1. 冬防期（11月至翌年2月上中旬）　11月至翌年2月中下旬为芒果主要病虫的越冬期，做好冬季清园工作是减少翌年病虫害的重要措施。

（1）剪除病虫枝、衰弱枝、过密枝和内膛枝，摘除零星抽出的冬梢，保持树体通风透光。

（2）清理果园，集中烧毁病虫枝叶和枯枝杂草，翻耕果园表土。

（3）喷洒波尔多液清园，树干涂白（石硫合剂+石灰水）防树干爆皮流胶。

2. 花期至幼果期（2月下旬至4月）　此期气温开始回升，病虫害开始流行发生，是病虫害防治的关键时期，主要病害有炭疽病、白粉病，主要虫害有横线尾夜蛾、茶黄蓟马和蚜虫等。重点在抽穗时、开花前和盛花后做好生物和化学药剂防治。

病害：可选择使用施保克、硫黄悬浮剂、阿米西达、农抗120、大生M-45以及铜制剂等。

虫害：可选择啶虫脒、蓟马110、植物源农药穿透（0.5%藜芦碱醇溶液）等重点防治茶黄蓟马和蚜虫。

3. 果实发育期和枝梢生长期（5～10月）　此期重点是防治细菌性角斑病、炭疽病、横线尾夜蛾、切叶象甲、叶瘿蚊、橘小实蝇等病虫害。

（1）进行果实套袋拒避橘小实蝇等害虫为害果实，同时减轻炭疽病、细菌性角斑病病源侵害。及时收集切叶象甲落叶集中烧毁，减少虫卵源。

（2）加强栽培管理，通过统一修剪施肥等措施，促抽梢整齐，适时放梢，便于统一施药管理。采取行间生草等手段，创造有利于天敌生存的生态环境，促进生物多样性和生态平衡。

（3）在套袋前和抽梢期选择农用抗生素和施保克乳油防治细菌性角斑病和炭疽病。虫害：此期应注意防治横线尾夜蛾、叶瘿蚊和切叶象甲，药剂可选用10%吡虫啉、10%氯氰菊酯或25%速灭杀丁3 000倍液喷雾。

4. 全物候期

（1）加强肥水管理，增强树势，提高树体抗病能力。

（2）悬挂杀虫灯，每15～20亩悬挂1盏频振式杀虫灯。在嫩梢期的夜晚开灯诱杀，诱杀切叶象甲、蛾类、叶瘿蚊等梢叶害虫。

（3）禁止在果园行间及周边种植与芒果主要病虫害蓟马、白粉病等相同寄主的农作物。

附录4　绿色食品　芒果生产技术规程

1　范围

本标准规定了A级绿色食品芒果（*Mangifera indica* L.）园地选择、规划、品种选择与开垦种植、土壤管理、肥水管理、整形修剪、花果管理、病虫害综合防治和采收。

本标准适用于我国各芒果生产区A级绿色食品芒果的生产。

2　规范性引用文件

下列文件中的条款引用成为本技术规程的条款。凡是注日期的引用文件，其随后所有的修改单（不包括勘误的内容）或修订版均不适用于本规程，然而，鼓励根据本技术规程达成协议的各方研究是否可使用这些文件的最新版本。凡是不注日期的引用文件，其最新版本适用于本规程。

GB 4285　农药安全使用标准

GB 8172　城镇垃圾农用控制标准

GB/T 17419　含氨基酸叶面肥

GB/T 17420　含微量元素叶面肥

NY/T 391　绿色食品　产地环境技术条件

NY/T 394　绿色食品　肥料使用准则

NY/T 393　绿色食品　农药使用准则

NY/T 750　绿色食品　热带、亚热带水果

NY/T 590　芒果嫁接苗

3　园地选择、规划

3.1　园地选择

按照NY/T 391《绿色食品　产地环境技术条件》中对产地环

境空气质量、灌溉水质量、土壤质量等相关规定选择种植地。选择附近没有工业和城市污染源影响，土壤、水、大气均未受到污染，且远离公路、铁路干线，其气候条件适合芒果种植的荒坡地作为种植地点，要求在海拔高度在 1 400m 以下，土壤有机质丰富、保水保肥力强、排水良好，园地开阔向阳，避免在容易沉霜和冷空气聚集的低洼谷地建园。

3.2 规划

根据园地地形、坡向、土壤条件将园地划分小区，同时与排灌和道路系统相结合，建设必要的道路、排灌系统、工具房、蓄水池和沤肥池等设施，山地果园还要求在果园上缘外侧有排洪沟。坡度 5°～20°的山地、丘陵应建等高梯田或台地种植。>20°的坡地不宜种植。

4 品种选择与开垦定植

4.1 品种选择

根据芒果生产区的气候条件和市场的需求选择品种。选择品种要求能避过花期低温阴雨危害，成花容易，产量和品质佳，抗逆性和抗病虫性强的品种。可选择的品种有台农 1 号、凯特、红芒 6 号、金煌、贵妃、红象牙等。

4.2 开垦定植

4.2.1 开垦

开垦前清除规划地内杂草、树木及其他杂物，机械深翻、按等高线筑好梯田。

4.2.2 定植密度

采用宽行窄株定植，株行距为 3.5m×4m 或 3.5m×4.5m。

4.2.3 挖穴与施底肥

定植穴按长、宽、深为 80cm×80cm×80cm 规格进行挖穴，挖时表土和底土分开堆放，在穴内分层施入腐熟农家厩肥和绿肥压青，并回表土与其混合，最后回底土，将植穴培成高 20cm～30cm 的土墩。20d 后待土层充分下沉再定植。

4.2.4 定植

按 NY / T 590 苗木质量要求选择无病虫害、健壮的芒果嫁接苗种植。定植前将待植苗 1/3～1/2 的叶片和嫩梢剪除，摆正主枝方向（主枝方向与行夹角 15°～30°），解去包装薄膜，然后回土至土团上方，将土团周围土壤轻压并整好树盘，淋足定根水盖草保湿。如遇干旱，每隔 3d～4d 淋水一次。

5 土壤管理

5.1 扩穴深翻改土

种植第二年开始，结合施基肥，每年冬春在树冠两侧滴水线下各挖一条施肥沟，大小为 100cm×50cm×40cm，压入绿肥、腐熟有机肥和磷肥。翌年轮换方向扩穴施入，4 年～5 年内完成扩穴改土。

5.2 果园间作

幼树期间在园内行间种植绿肥或种植不影响芒果生长的农作物。间作物可用豆科作物、绿肥、蔬菜等。成年果园可间种矮生豆科绿肥、牧草如花生、大豆、黑麦草、百喜草等。草种选择要求茎秆短或匍匐生，与芒果无共同病虫害，不与芒果争水争肥，生育期短。芒果根际或种植带采用周年覆盖，进行土壤改良与水土保持。

5.3 中耕除草

果园每年中耕 2 次～3 次。第一次在夏季，第二次在冬季花芽分化前。中耕时用利铲翻压畦面土壤，将杂草、枯叶盖入土中。夏季中耕深度 15cm 左右，冬季 20cm～25cm。经常铲除树盘杂草，行间杂草结合中耕翻土压入土中。

6 肥水管理

6.1 原则

以有机肥为主，配合施用微生物肥、化学肥料，以保证不对环境和产品造成污染为原则。农家肥和商品肥料种类的使用参照 NY/T 394—2000《绿色食品　肥料使用准则》。各种农家有机肥必须经高温堆沤 7d 以上腐熟后方可施用。土施追肥使用的化学肥料应在采果前 30d 停用，叶面追肥应在采果前 20d 停用。不得使用城市垃圾肥、工业废渣肥。

6.2 幼树施肥

种植当年于第一次新梢老熟后开始施肥，薄肥勤施，每2个月施一次；第二、三年在每次新梢集中抽发前施肥1次。幼树施肥以氮肥为主，适当施用磷钾肥。植后第一年每次每株施尿素25g～50g或稀薄粪水或花生麸液或沼气液3kg～5kg；第二年每次每株施尿素75g～100g或稀薄粪水或花生麸液或沼气液5kg～10kg；第三年尿素增至100g～150g或稀薄粪水或花生麸液或沼气液增至15kg～20kg。每次新梢老熟前可结合喷药保梢工作叶面喷施0.2%尿素或磷酸二氢钾等，促进枝梢健壮生长。

6.3 成年结果树施肥

6.3.1 土壤追肥

6.3.1.1 促穗肥

在每年2月上、中旬期间施入，每株施15－15－15的三元复合肥0.5kg或尿素加钾肥各0.2kg～0.5kg，过磷酸钙或钙镁磷肥0.5kg～1.0kg；也可施入腐熟有机肥，腐熟有机肥在树冠滴水线处挖沟施入，每株20kg，也可加水配成水肥淋施。施肥后淋水促吸收。

6.3.1.2 花后肥

在4月～5月幼果迅速膨大期施入，每株施复合肥0.5kg或尿素、氯化钾各0.2kg～0.5kg。

6.3.1.3 壮梢壮果肥

在8月～9月果实发育和下年结果母枝抽发期施入。每株施尿素0.3kg～0.5kg或复合肥0.2kg～0.5kg，加氯化钾或硫酸钾0.3kg～0.4kg；或有机水肥（稀薄粪水、花生麸液、沼气液等）25kg～30kg。

6.3.2 叶面追肥

花序伸长期、开花期、幼果期、果实膨大期、秋梢展叶期、转色期可进行根外追肥。叶面肥可选用0.2%～0.5%尿素、磷酸二氢钾溶液，以及符合GB/T 17419含氨基酸叶面肥和GB/T 17420含微量元素叶面肥。

6.4 水分管理

在芒果秋梢抽发期、花芽形态分化期、果实发育前期及中期如遇天旱应及时灌水。每 10d～15d 灌水 1 次。灌溉用水质量要符合 NY/T 391《绿色食品　产地环境技术条件》中农田灌溉水各项要求。

7 整形修剪

7.1 幼树整形修剪

采用自然圆头形等树形，定植后 2 年～3 年内完成整形。主干高度 40cm～60cm，留主枝 3 条～5 条，不设中心干，主枝均匀分布于各个方向，分枝角度 45°～50°，每主枝留侧枝 2～3 条。苗木长至 60cm～70cm 高时，在 50cm～60cm 处摘心或剪顶定干。长出的新梢，选择 3 条方位较好、生长均匀、角度斜生的留下作主枝，其余的抹除。主枝延长枝延伸 20cm～30cm 时，再行摘心，分枝长出后，留 1 条延长枝和 2 条副主枝。副主枝长至 30cm 时摘心或剪顶，每条副主枝留 2 条～3 条侧枝。

7.2 优良结果母枝培育

7.2.1 采后修剪培育结果母枝

7.2.1.1 采后修剪

8 月前采收的品种采取采果后修剪进行结果母枝培养，可以培养具有二次梢以上适时老熟的健壮结果母枝。修剪以短截结果母枝为主，并适当剪除过密枝、过多主枝，回缩树冠内交叉枝、重叠枝，剪去下垂枝和病虫枝。树冠中部直立徒长枝条可适当短截或从基部疏除，增加树体通风透光。

7.2.1.2 疏芽定梢

中幼年树采果后放 3 次梢，树冠较大的成年树放 2 次梢。在每次新梢抽出小叶未展开前进行疏芽定梢，第一次新梢抽出时每基枝留 2 条～3 条新梢，第二次梢每基枝留 1 条～2 条新梢，第三次梢每基枝留 1 条新梢。选梢留梢一般在新梢长 5cm～8cm，幼叶未展开前完成，留梢原则是“去弱去强留中，去密留疏”。

7.2.2 轮换修剪培育结果母枝

7.2.2.1 轮换结果枝修剪

对于一些在8月中下旬以后采收的晚熟品种和易大小年结果的品种，需采取轮换修剪培育下年结果母枝。5月上、中旬第二次生理落果后，及时疏除影响果实发育的花梗和枝条以及畸形果和病虫果；对结果太多的果穗，每穗留2个～3个中部幼果，疏除过多果实。同时，每株树保留60%左右的挂果枝，短截其余枝梢培养为下年结果枝，短截从基枝分枝处起第一、二次梢的密节下方短截，从而达到矮化树形及促进分枝的目的。

7.2.2.2 疏芽定梢及短截修剪

短截修剪后第一次新梢抽出后及时抹芽，每基枝选留分枝角度好的1条～2条新梢培养成结果母枝，其余抹除，抹芽原则是“去强去弱留中、去密留疏”。在8月中下旬再次进行短截修剪促分枝，在低温来临前培养二次老熟秋梢作为优良结果枝，同时可增加结果枝数量，避免形成“钓鱼杆”形式的长结果枝。短截方法和短截后管理同上次修剪。

8 花果管理

在秋冬季，做好抑制冬梢生长促进花芽分化工作。调节夏秋梢抽生时间，进行环割、断根等物理方法控梢。花前施壮花肥，并视冬春气温高低，实行人工摘除早抽花穗促发再生花，避开低温阴雨。幼果期做好保果工作，摘除开花结果期间抽发的春夏梢。

8.1 控梢促花

8.1.1 利用秋梢和早冬梢为结果母枝，调节末次抽梢时间，使结果母枝在花芽分化前充分老熟，但又不至于老熟过早，以防冬梢抽发。芒果结果母枝应在10月底至11月初前老熟。

8.1.2 环割环剥抑梢

在末次秋梢老熟后花芽分化时，对生长较壮旺的树在树主干或主枝上进行螺旋环剥或环割，环割时通常闭合环割1圈，深仅达木质部，螺旋环剥以剥口宽为被剥枝直径的1/5，圈数1圈～2圈，螺旋角16°～19°为宜。

8.1.3 人工摘除冬梢

在末次秋梢老熟后至抽花穗前，如有少量冬梢萌发，应及时用人工抹除。

8.2 摘花推迟花期

早春开花易遇低温阴雨，视春季寒潮预报和抽穗情况，决定是否采用人工摘花促二次花以推迟花期，避开低温阴雨达到丰产稳产。摘花应在1月中下旬、2月上旬和2月中下旬分批进行，其中1月摘花时可连顶端密节芽一起剪除，2月上旬摘花时自花序基部摘除整个花序，2月中下旬摘花时留花序基部1cm～2cm（或保留2个～3个分枝），将花序顶部摘除，摘花后喷施高钾叶面肥提高再生花质量。

8.3 疏花疏果及保果

花穗抽出后，在初花前疏去过密、过弱和过于旺长的花穗，以利养分集中，提高开花质量，促进坐果；生理落果稳定后，此时大小果明显不同，要进行疏果，将发育不正常的、细小的、过多过密的果摘除，每穗留果2个～4个，同时将残花梗剪除，防止风吹擦花果皮。

8.4 分果、吊果

为防止果与果之间互相碰撞，造成果皮伤痕影响外观甚至造成落果，将穗与穗间、果与果间用绳或树枝撑开；下垂的果穗需打桩或用绳拉起，使之离地50cm以上。

8.5 果实套袋

8.5.1 果袋选择

选用正规公司生产的芒果专用袋。芒果袋的大小依品种而异，对中小果型品种，可采用长22cm、宽15cm的纸袋；对大果形品种，可采用长30cm、宽20cm的纸袋。纸袋材料为外黄内黑双层硫酸纸袋或有涂蜡防水的白色单层纸袋。

8.5.2 套袋时期

套袋一般是在坐果基本稳定后，即第二次生理落果结束后进行为宜。

8.5.3　套袋方法

套袋应在晴天和清晨露水干后进行。套袋前喷杀虫杀菌药1次，待果面干后再套，套前要清除干净果面杂物，袋口按顺序向中部折叠，最后弯折封口铁丝，将袋口绑紧于果柄的上部，使果实在袋内悬空，防止袋纸贴近果皮造成摩伤或日灼。袋口要绑紧，不宜绑成“喇叭口”，防止雨水顺果柄流入袋内。

8.5.4　除袋转色

红色果皮品种可在采前10d～15d除袋转色。

9　病虫害综合防治

根据绿色食品生产的要求，以农业和物理防治为基础，生物防治为核心，按照病虫害的发生规律和经济阈值，科学采用化学防治技术，有效控制病虫为害。

芒果主要病害有芒果炭疽病、白粉病、细菌性角斑病等；主要虫害有芒果叶瘿蚊、茶黄蓟马、蚜虫、横线尾夜蛾、切叶象甲和橘小实蝇等。

9.1　农业防治

9.1.1　同一块地种植单一品种，避免成熟期不同的品种混栽。通过建立防护林带、种植蜜源植物、行间生草等手段，创造有利于果树生长和天敌生存而不利于病虫生长的生态环境，促进生物多样性和生态平衡。

9.1.2　芒果修剪时，要去除交叉枝、过密枝及病虫枝、叶、花、果并集中烧毁；12月进行冬季清园，把枯枝、病虫枝叶等集中烧毁；中耕晒土，杀死地下害虫，减少传染源。

9.1.3　加强栽培管理，增强树势，提高植株抗病力。适期放梢，使抽梢整齐，避开害虫高峰期，春夏季节应摘除零星抽出的嫩梢。

9.1.4　禁止在果园行间及周边种植与蓟马寄主相同的辣椒等作物。

9.2　物理防治

9.2.1　使用频振式杀虫灯诱杀鳞翅目、鞘翅目等害虫，每公顷悬挂一盏杀虫灯，抽梢及抽穗等虫害高峰期应开灯诱杀，翌日及时清理装虫袋，防止害虫逃逸。

9.2.2 人工捕捉为害花序和嫩梢的钻心虫，在为害高峰期，经常巡视果园，发现有为害用铁丝钩杀。

9.2.3 果实套袋防止果实生长中后期病虫为害。

9.3 生物防治

果园周围种植蜜源植物，创造有利于天敌繁衍的环境；释放主要害虫天敌；在芒果果实套袋前使用生物农药4%农抗120（果树专用型水剂）防治炭疽病等。

9.4 化学药剂防治

化学防治用药要符合NY/T393《绿色食品　农药使用准则》中关于A级绿色食品生产用药要求，每种药剂在一个生产周期内只可使用1次。采收前30天禁止使用有机合成化学农药。芒果各种病虫害防治推荐用药参见规范性附录A。

10 采收

10.1 成熟度的判断

外观特征：成熟的果实果皮颜色由绿色或深绿色转成淡黄绿色，果皮由富有光泽转为暗淡，果肩由扁平转为浑圆，果粉厚度由薄转为明显。

果实比重：完全成熟的果实比重在1.01～1.02之间。当将果实放入静止的水中时，若能自然下沉或半下沉即表明达到采收的成熟度。

10.2 采收要求

根据果实成熟度、用途和市场需要决定采收适期，采收应在晴天露水干后进行，采用“一果两剪”方法采收，先在花梗处将果实剪离树体，之后在花梗尾部留0.5cm～1.0cm剪断，保留全部果柄。盛果筐和果实贮放处，应用软物垫上，以避免擦伤果实，采收和搬运过程中轻拿轻放，力求不伤果皮和不弄断果柄，避免引起流胶污染果面。采收后，应24h内进行商品处理，分级包装。

附录 A
（规范性附录）
芒果绿色食品（A级）生产病虫害防治推荐防治药剂表

防治对象	推荐药剂及防治方法
白粉病	花序伸长期至幼果期，选择以下药剂之一喷雾防治： 45%硫黄悬浮剂 200～400 倍液； 20%三唑酮乳剂 5 000 倍液； 0.1～0.3 波美度石硫合剂
炭疽病	1%～1.5%等量式波尔多液，进行冬季清园； 掌握在抽梢期、抽穗期、果实发育前期与后期等关键时期用药，每隔 7d～10d，选择以下药剂之一喷雾防治： 4%农抗 120（果树专用型）800 倍液； 80%大生 M－45 可湿性粉剂 500～600 倍液； 45%施保克乳油 3 500～4 000 倍液； 70%甲基硫菌灵可湿性粉剂 800～1 000 倍液； 25%阿米西达悬浮剂 1 500～2 000 倍液
细菌性黑斑病	在果实发育期，遇高温高湿天气特别是雨后，选择以下药剂之一进行防治： 40%氧氯化铜悬浮剂 500～800 倍液； 120 单位农用硫酸链霉素； 0.15%梧宁霉素水剂 500 倍液； 1%中生菌素 200～300 倍液

（续）

防治对象	推荐药剂及防治方法
蓟马	在开花前期、谢花期选择以下药剂之一进行防治： 30%啶虫脒可湿性粉剂 2 000～3 000 倍液； 45%杀螟硫磷乳油（蓟马 110）1 000～1 500 倍液； 0.5%藜芦碱醇溶液（穿透）2 000～3 000 倍液； 10%吡虫啉可湿性粉剂 2 000～3 000 倍液
叶瘿蚊、横线尾夜蛾、切叶象甲等梢、叶虫害	掌握在梢期、抽穗期等关键时期用药，可选择以下药剂进行防治： 90%敌百虫晶体 800～1 000 倍液； 20%杀灭菊酯或 2.5%溴氰菊酯 2 000～3 000 倍液； 25%灭幼脲悬浮剂 1 500～2 000 倍液； 20%氯虫苯甲酰胺悬浮剂 5 000～8 000 倍液

附录5　生产A级绿色食品允许使用的农药种类

一、生物源农药

1. 微生物源农药

（1）农用抗生素　防治真菌病害：灭瘟素、春雷霉素、多抗霉素（多氧霉素）、井冈霉素、农抗菌120、中生菌素等。防治螨类：浏阳霉素、华光霉素。

（2）活体微生物农药　真菌剂：蜡蚧轮枝菌等。细菌剂：苏云金杆菌、蜡质芽孢杆菌等。拮抗菌剂。昆虫病原线虫。微孢子。病毒：核多角体病毒。

2. 动物源农药　昆虫信息素（或昆虫外激素）：如性信息素。活体制剂：寄生性、捕食性的天敌动物。

3. 植物源农药　杀虫剂：除虫菊素、鱼藤酮、烟碱、植物油等。杀菌剂：大蒜素。拒避剂：印楝素、苦楝、川楝素。增效剂：芝麻素。

二、矿物源农药

1. 无机杀螨杀菌剂　硫制剂：硫悬浮剂、可湿性硫、石硫合剂等。铜制剂：硫酸铜、王铜、氢氧化铜、波尔多液等。

2. 矿物油乳剂　柴油乳剂等。

三、有机合成农药

由人工研制合成，并由有机化学工业生产的商品化的一类农药，包括中等毒和低毒类杀虫杀螨剂、杀菌剂、除草剂。

附录6　A级绿色食品生产中禁止使用的农药种类

一、有机氯杀虫剂

农药名称：滴滴涕、六六六、林丹、甲氧、高残毒DDT、硫丹

禁用作物：所有作物

禁用原因：高残毒

二、有机氯杀螨剂

农药名称：三氯杀螨醇

禁用作物：蔬菜、果树、茶叶

禁用原因：工业品中含有一定数量的滴滴涕

三、氨基甲酸酯杀虫剂

农药名称：涕灭威、克百威、灭多威、丁硫克百威、丙硫克百威

禁用作物：所有作物

禁用原因：高毒、剧毒或代谢物高毒

四、二甲基甲脒类杀虫杀螨剂

农药名称：杀虫脒

禁用作物：所有作物

禁用原因：慢性毒性致癌

五、拟除虫菊酯类杀虫剂

农药名称：所有拟除虫菊酯类杀虫剂
禁用作物：水稻及其他水生作物
禁用原因：对水生生物毒性大

六、卤代烷类熏蒸杀虫剂

农药名称：二溴乙烷、环氧乙烷、二溴氯丙烷、溴甲烷
禁用作物：所有作物
禁用原因：致癌、致畸、高毒

七、阿维菌素

禁用作物：蔬菜、果树
禁用原因：高毒

八、克螨特

禁用作物：蔬菜、果树
禁用原因：慢性毒性

九、有机砷杀菌剂

农药名称：甲基胂酸锌（稻脚青）、甲基胂酸钙胂（稻宁）、甲基胂酸铵（田安）、福美甲胂、福美胂
禁用作物：所有作物
禁用原因：高残毒

十、有机锡杀菌剂

农药名称：三苯基醋锡（薯瘟锡）、三苯基氯化锡、三苯基羟基羟基锡（毒菌锡）
禁用作物：所有作物
禁用原因：高残留、慢性毒性

十一、有机汞杀菌剂

农药名称：氯化乙基汞（西力生）、醋酸苯汞（赛力散）
禁用作物：所有作物
禁用原因：剧毒、高残毒

十二、有机磷杀菌剂

农药名称：稻瘟净、异稻瘟净
禁用作物：水稻
禁用原因：异臭

十三、取代苯类杀菌剂

农药名称：五氯硝基苯、稻瘟醇（五氯苯甲醇）
禁用作物：所有作物
禁用原因：致癌、高残留

十四、2,4－D类化合物

农药名称：除草剂或植物生长调节剂
禁用作物：所有作物
禁用原因：杂质致癌

十五、二苯醚类除草剂

农药名称：除草醚、草枯醚
禁用作物：所有作物

十六、植物生长调节剂

农药名称：有机合成的植物生长调节剂
禁用作物：蔬菜生长期（可土壤处理与芽前处理）

十七、除草剂

农药名称：各类除草剂
禁用作物：蔬菜生长期（可用土壤处理与芽前处理）

十八、有机磷杀虫剂

农药名称：甲拌磷、乙拌磷、久效磷、对硫磷、甲基对硫磷、甲胺磷、甲基异柳磷、治螟磷、氧化乐果、磷胺、地虫硫磷、灭克磷（益收宝）、水胺硫磷、氯唑磷、硫线磷、杀扑磷、特丁硫磷、克线丹、苯线磷、甲基硫环磷
禁用作物：所有作物
禁用原因：剧毒高毒

图书在版编目（CIP）数据

芒果主要病虫害诊断与防治图解 / 詹儒林，何衍彪主编. —北京：中国农业出版社，2018.8（2021.4 重印）

（热带果蔬栽培技术系列丛书/谢江辉，詹儒林主编）

ISBN 978-7-109-24120-6

Ⅰ.①芒…　Ⅱ.①詹…②何…　Ⅲ.①芒果—病虫害防治方法—图解　Ⅳ.①S436.67-64

中国版本图书馆 CIP 数据核字（2018）第 101838 号

中国农业出版社出版

（北京市朝阳区麦子店街 18 号楼）

（邮政编码 100125）

责任编辑　郭银巧　张　利

中农印务有限公司印刷　　新华书店北京发行所发行

2018 年 8 月第 1 版　　2021 年 4 月北京第 2 次印刷

开本：880mm×1230mm　1/32　　印张：3

字数：76 千字

定价：25.00 元

（凡本版图书出现印刷、装订错误，请向出版社发行部调换）